21世纪高等院校计算机网络工程专业规划教材

# 中小型企业网络工程项目实践

王晓东　张选波　主编

周宇　叶庆卫　徐清波　王维　编著

清华大学出版社

北京

## 内 容 简 介

本书是针对计算机网络相关的综合性工程实践教材(初级难度)。

本书通过一个真实的、相对完整的网络工程项目设计与实施,让学生通过动手实践将平时学习的各种网络知识和网络技术进行应用,经过训练的学生能初步具备独立的组网建网和系统集成能力,以及一定的工程素养与综合能力。

本书共分为 7 个章节和 1 个附录,按照网络工程的项目实施流程(即项目启动→项目设计→项目实施→项目测试→项目验收)的顺序进行组织,并采用岗位角色的方式组织和设置实训内容。

本书既可作为网络工程、物联网工程、通信工程、软件工程、电气自动化、计算机应用、计算机科学与技术、电子信息科学与技术等专业本科或高职院校的实践教材,也可作为网络设计师、网络工程师、系统集成工程师以及相关技术人员在实际网络设计与实施中的参考用书。

本书提供配套的授课课件和实训资料,另有配套的《企业互联网络工程项目实践》一书为本书的提高篇。

**图书在版编目(CIP)数据**

中小型企业网络工程项目实践/王晓东,张选波主编.—北京:清华大学出版社,2014(2020.9重印)

21 世纪高等院校计算机网络工程专业规划教材

ISBN 978-7-302-33979-3

Ⅰ. ①中… Ⅱ. ①王… ②张… Ⅲ. ①中小企业－计算机网络－高等学校－教材 Ⅳ. ①TP393.18

中国版本图书馆 CIP 数据核字(2013)第 227645 号

责任编辑:魏江江 薛 阳
封面设计:常雪影
责任校对:李建庄
责任印制:丛怀宇

出版发行:清华大学出版社
网 址:http://www.tup.com.cn,http://www.wqbook.com
地 址:北京清华大学学研大厦 A 座 邮 编:100084
社 总 机:010-62770175 邮 购:010-83470235
投稿与读者服务:010-62776969,c-service@tup.tsinghua.edu.cn
质量反馈:010-62772015,zhiliang@tup.tsinghua.edu.cn
课件下载:http://www.tup.com.cn,010-83470236
印 装 者:北京九州迅驰传媒文化有限公司
经 销:全国新华书店
开 本:185mm×260mm 印 张:11 字 数:271 千字
版 次:2014 年 5 月第 1 版 印 次:2020 年 9 月第 4 次印刷
印 数:2331~2630
定 价:25.00 元

产品编号:051662-01

# 前　言

　　高等教育持续发展的重点是提高人才培养质量,而提高质量的重点在于改革人才培养模式,构建适应社会发展需求的人才培养体系。当前的教育实情中,人才培养与社会需求面临着尴尬的矛盾:一方面社会急需各类专门人才;另一方面高校培养的毕业生往往因为欠缺各种能力而无法满足岗位需求。目前高校工科专业的教育模式和教学内容过于重视理论知识体系而轻视技术能力体系,并轻视人才培养的非技术因素,人才培养与行业企业结合不够紧密,人才的培养产出与行业的需求之间存在距离。

　　本书作者在多年的教学实践中通过借鉴美国顶点课程(Capstone Course)模式,为学生设计一个集工程设计、工程应用、工程操作、工程商务和工程沟通能力多方面融合培养的综合性工程教学环节,其目的主要有三个方面:一是支持学生的深层次学习;二是可以作为本科学习的有效评价工具;三是帮助学生从学校向职场过渡。具体做法是基于行业人才的实际需求,在确保专业教学知识完整性的基础上,通过校企合作开展“虚拟企业”形式的项目驱动式综合实践,以综合性的真实工程项目为载体,学生在一段相对完整的时间内经历需求调研、分析设计、文档编撰、工程投标、组织实施和验收交付等完整的工程生命周期,为学生提供一个工程设计、工程应用、工程操作、工程商务和工程沟通能力融合培养的综合性工程教学环节,多年的实践证明这是提升学生工程创新与团队合作能力、提高学生社会适应能力和职业竞争能力的有效手段,也是符合 CDIO 工程教学理念的。

　　本书即是多年“虚拟企业”形式的项目驱动式综合实践改革的成果之一。本书采用中小型企业网络工程项目案例,网络相对独立和完整。项目严格按照网络工程项目实施规范进行,本书为初级难度,让学生通过动手实践将平时学习的各种网络知识和网络技术进行应用,经过训练的学生能初步具备独立组网建网和系统集成的能力,以及一定的工程素养与综合能力。另有配套的《企业互联网络工程项目实践》一书为本书的提高篇。

　　以项目式教学方式和角色式管理方式让学生从一个真正的计算机网络工程项目的启动阶段开始入手,参与到网络工程项目的每一个环节之中,了解网络工程项目中各种角色的工作内容和职责,以及所需的专业技术。项目中共涉及 13 种岗位,也能为读者的就业和职业规划提供很好的参考依据。

　　本书共分为 7 个章节和 1 个附录,按照网络工程的项目实施流程(即项目启动→项目设计→项目实施→项目测试→项目验收)的顺序进行组织,其中,第 1 章为网络工程的基础知识,第 2 章通过 12 个小实验进行基本的组网训练,第 3 章利用一个小型园区网络的组建进行热身,第 4 章提出了综合实训的流程计划和规范,第 5 章在需求分析的基础上指导学生进行网络设计,第 6 章组织学生进行项目实施,第 7 章进行项目的测试与验收,附件中还给出了相关的文档规范和模板。

另外,本书中的语法规范与书中使用的图标介绍如下。

1. 命令语法规范

本书中使用的命令语法规范与产品命令参考手册中的命令语法相同:

- 竖线"|"表示分隔符,用于分开可选择的选项。
- 星号" * "表示可以同时选择多个选项。
- 方括号"[]"表示可选项。
- 大括号"{ }"表示必选项。
- 粗体字表示按照显示的文字输入的命令和关键字,在配置的示例和输出中,粗体字表示需要用户手工输入的命令(例如 show 命令)。
- 斜体字表示需要用户输入的具体值。

2. 本书使用的图标

以下为本书中所使用的图标示例。

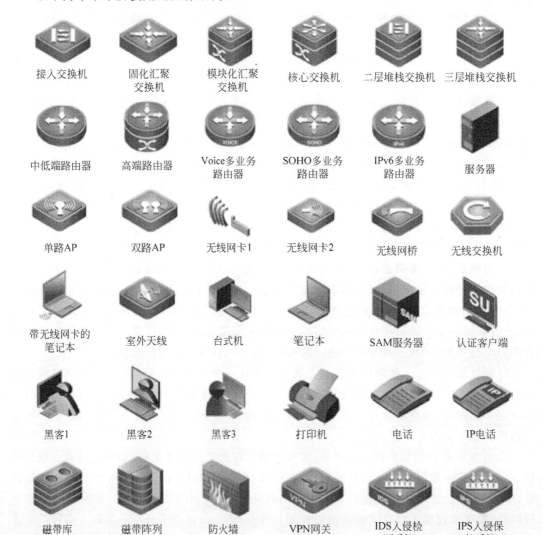

接入交换机　固化汇聚交换机　模块化汇聚交换机　核心交换机　二层堆栈交换机　三层堆栈交换机

中低端路由器　高端路由器　Voice多业务路由器　SOHO多业务路由器　IPv6多业务路由器　服务器

单路AP　双路AP　无线网卡1　无线网卡2　无线网桥　无线交换机

带无线网卡的笔记本　室外天线　台式机　笔记本　SAM服务器　认证客户端

黑客1　黑客2　黑客3　打印机　电话　IP电话

磁带库　磁带阵列　防火墙　VPN网关　IDS入侵检测系统　IPS入侵保护系统

本书由宁波大学王晓东和星网锐捷网络有限公司张选波联合主编,参加本书编写的还有宁波大学周宇、叶庆卫、章联军老师和王维同学,全书由王晓东负责策划与统稿。在本书撰写与校对过程中赵兴奎、胡珊逢、周红琼等研究生付出了大量的心血。本书还得到了宁波大学王让定教授、金光教授和徐清波老师的大力支持。本书也参考了国内外诸多企业与专家的著作和文献。在此一并表示感谢。

本书得到了以下建设项目的支持:"宁波大学创新服务型电子信息专业群"宁波市服务型重点专业建设项目和宁波市 IT 产业应用型人才培养基地建设项目、"宁波大学计算机科学与技术专业"国家级特色专业建设项目、"宁波大学电子信息科学与技术专业"浙江省优势专业、浙江省重点专业、宁波市重点专业建设项目、"宁波大学通信工程专业"宁波市特色专业、宁波大学重点专业建设项目以及宁波大学教材建设项目。

由于计算机网络技术发展迅速,网络工程的技术与标准层出不穷,作者水平有限,书中难免有缺点、错误,欢迎同行专家和读者批评指正。

作　者

2014 年 3 月

# 目　录

# 基础篇

# 第1章　　绪　　论

本章对网络工程做了简要的介绍,包括网络工程的概念、网络工程设计、综合布线技术和网络工程招投标相关事宜,详细讨论了系统集成的定义与发展层面。按照网络工程的理论知识要求,重点介绍网络互联、交换原理、路由原理、层次网络与软件系统集成的概念。通过对本章的学习,读者能够初步了解网络工程的基本概念与涉及范畴,学习网络工程的初步设计,掌握相关网络基础技术知识。

## 1.1　网　络　工　程

网络工程涉及计算机网络的设计、规划、组网、维护、管理、安全和应用等多方面的知识与技术。一般而言,网络工程是根据用户的需求和投资规模,合理选择各种网络设备和软件产品,通过集成设计、应用开发、安装调试等工作,建成具有良好性价比的计算机网络系统的过程。

### 1.1.1　网络工程概述

以分组交换技术为核心的计算机网络自 20 世纪 70 年代以来得到了飞速发展,因特网已经发展成为覆盖全球的计算机网络,甚至成为计算机网络的代名词。计算机网络系统作为一个有机的整体,由相互作用的不同组件构成,通过结构化布线、网络设备、服务器、操作系统、数据库平台、网络安全平台、网络存储平台、基础服务平台、应用系统平台等各个子系统协同工作,最终实现用户(企业、机构等)的办公自动化、业务自动化等各项功能。

采用 TCP/IP 体系结构的互联网已经成为企业、国家乃至全球的信息基础设施,随之而来的是大规模的计算机网络建设热潮。因此,如何设计、建造和测试基于 TCP/IP 技术的计算机网络就成为网络工程的主要任务。根据网络应用需求的不同,设计实现的网络应当能够适应规模、性能、可靠性、安全性等方面的要求,因此,网络工程必须能够应对这些挑战,解决好网络的设计、实施和维护等一系列技术问题。

网络工程实质上是将工程化的技术和方法应用于计算机网络系统中,即系统、规范、可度量地进行网络系统的设计、构造和维护的全过程。

网络工程的核心是以质量为准则。全面的质量管理和相关理念刺激了网络工程技术的不断改进,这种改进促使了更加成熟的网络工程方法的涌现。

网络工程可以划分为工具、方法、过程、质量焦点 4 个层次。

网络工程的"过程"是对网络项目的管理和控制,其作用是使计算机网络能够合理而及时地设计实施完成,明确各环节之间的联系,规定技术方法的采用,控制工程产品的选择,保证质量以及控制和管理各种变化的发生等。

网络工程的"方法"决定了组建网络在技术上需要"如何做"。它包括一系列任务：需求分析、方案设计、工程实施、系统测试和网络维护等。网络工程方法依赖于一组基本原则，这些原则控制了每一种技术的使用方法。

网络工程的"工具"为方法和过程提供了自动或半自动的支持，它是支持网络开发的所有对象的总称。例如，网络设计中网络拓扑图的绘制工具 Visio，其他各种网络设计中所使用的软件工具，结构化布线所使用的各种工具，网络测试使用的各种工具等。

## 1.1.2　网络工程设计

网络工程设计是保障网络组建工程项目实施的首要环节。网络工程设计不是一件简单的事，事实上，必须具备网络系统集成的基本知识，并掌握网络工程方案设计理论与方法。

网络工程设计是按照用户组网需求，从网络综合布线、数据通信、系统集成等方面综合考虑，选用先进的网络技术和成熟产品，为用户提供科学、合理、实用、好用、够用的网络系统解决方案，为网络系统集成提供技术文档和工程实施依据。

例如，企业网工程设计包括：企业网综合布线需求分析，综合布线产品选型和综合布线技术路线；企业网络通信需求与性能分析，企业网拓扑结构，企业网设备选型，企业网构建技术路线；企业信息资源与应用需求分析，面向服务的资源系统架构，服务器产品选型，网络安全部署，以及信息资源系统构建技术路线。

网络工程设计应该遵循以下原则。

- 实用性：网络建设的首要原则。
- 先进性：网络建设要具有超前意识，具有先进的设计思想、网络结构、软硬件设备以及使用先进开发工具。
- 开放性：开放的系统才是具有生命的系统。
- 可扩展性：需求会不断变化，网络系统的建设是逐步进行的，网络将在规模和性能两方面进行一定程度的扩展。
- 安全性：确保系统内部的数据、数据访问传输信息的安全性，避免非法用户访问和攻击。
- 可靠性：保证系统不间断地为用户提供服务。
- 可管理性：提供灵活的管理平台，能够对各设备进行统一管理。
- 最佳性价比：从总体上看，网络设计目标的关键在于成本与性能的权衡。

## 1.1.3　网络工程综合布线技术

结构化综合布线系统(Structured Cabling System，SCS)采用模块化设计和分层星型拓扑结构，它能适应任何大楼或建筑物的布线系统，其代表产品是建筑与建筑群综合布线系统。另外，还有两种先进的系统，即智能大楼布线系统(Intelligent Building System，IBS)和工业布线系统(Industry Distribution System，IDS)。它们的原理和设计方法基本相同，差别是 IDS 以商务环境和办公自动化环境为主。

网络工程中普遍采用有线通信线路和无线通信线路两种布线方式，可以根据实际需要选择。有线通信利用电缆、光缆或电话线充当传输介质，无线通信利用卫星、微波和红外线充当传输介质。通过综合布线技术将建筑物或建筑群内的传输网络建设成为一个小型系统,该系统既能使语音和数据通信设备、交换设备和其他信息管理系统彼此连接,也能使这些设备与外部通信网络相互连接,包括建筑物到外部或电话局线路上的连线点,工作区的话音或数据终端的所有电缆,以及相关联的布线部件。

目前,国际上各种综合布线产品都提出 15 年质量保证体系。为了保护建筑物投资者的利益,可采取"总体规划,分步实施,水平布线尽量一步到位"的思想实施综合布线工程。综合布线工程设计原则如下:

(1) 用户至上。以建筑与建筑群综合布线系统要求为基础,以满足用户需求为目标,最大限度地满足用户提出的功能需求,并针对业务特点,确保可用性。

(2) 先进性。在满足用户需求的前提下,充分考虑信息社会迅猛发展的趋势,在技术上适度超前,按照先进的、现代化的信息大楼标准提出综合布线工程解决方案。

(3) 灵活性和可扩展性。充分考虑楼宇所涉及的各部门信息集成和共享,保证整个系统的先进性、合理性,实现分散式控制,集中统一式管理。总体结构具有可扩展性和兼容性,可以集成不同厂商不同类型的先进产品,使整个系统可随技术的进步和发展,不断得到充实和提高。

(4) 标准化。网络结构化综合布线系统的设计依照国际和国家的有关标准进行。根据系统总体结构要求,各个子系统必须结构化和标准化,并代表当今最新的技术成就。

(5) 经济性。在实现先进性、可靠性的前提下,达到功能和经济的优化设计。结构化综合布线系统设计采用新技术、新材料、新工艺,使建筑大楼能够满足智能大厦的各项指标。

综合布线系统是一个模块化、星型布线,并具有开放特性的布线系统。该系统一般包括工作区子系统、水平子系统、管理子系统、垂直子系统、建筑群子系统和设备间子系统。一个设计完善的布线系统其目标是:在既定时间以外,允许在有新需求的集成过程中,不必再去进行水平布线,以免损坏建筑装饰而影响审美。

### 1.1.4 网络工程招投标过程

网络工程通常涉及大量资金,根据我国有关政策规定,需要通过招投标来决定网络工程的系统集成商或设备提供商。在准备投标书时,主要完成以下工作:

(1) 与用户方交流。与用户方交流,建立起基本的互信关系,用户方向集成商提供招标等相关信息。

(2) 需求分析。系统集成人员应倾听用户方的网络消息,通过询问和交谈,根据网络设计的一般经验与规律启发用户得出对未来网络应用的需求,还要实地勘察现场,进行认真设计分析,设计出符合实际的方案。

(3) 初步的技术设计方案。根据用户方需求和现场勘查结果,提出网络系统集成技术方案,进行初步的逻辑网络设计、物理网络设计、网络安全设计、设备选型推荐和项目预算等。该方案可能与用户需求有一定的出入,可在中标后对方案进行改进完善。

(4) 撰写投标书。将初步技术设计方案与系统集成商的资质、业绩、技术、管理和人员等资料结合就形成了一份完整的投标书,也称标书。标书是招投标工作的纲领性文件,它的撰写是一项严肃的工作,应杜绝差错。表述的内容和格式应遵循国家与地方的系统设计规范及相关法规、用户招标书、用户需求。投标书中的技术要求是核心内容,应做到重点突出,量化技术指标,所有图表数据都要准确无误。防止缺项、漏项,以免日后追加工程款,带来不必要的损失。

投标书的内容通常包括工程概况、投标方概况、网络系统设计方案、应用系统设计方案、项目实施进度计划、培训维修维护计划、设备清单和报价几个部分。

对于公开招标的项目,招标方都会组织投标的系统集成商进行述标,并回答专家组提出的问题。系统集成商往往用多媒体方式报告投标书的要点,介绍、演示相关的系统集成项目,以取得更好的效果。

网络集成商一旦中标,就开始与用户方进行商务洽谈。洽谈主要围绕价格、培训、服务、维护期以及付款方式等内容展开,达成一致后签订合同。通常投标书将作为合同的附件,成为合同的一部分。

# 1.2 网络系统集成

网络系统集成是按照网络工程的需求及组织逻辑,采用相关技术和策略,将网络设备(交换机、路由器、服务器)和网络软件(操作系统、应用系统)系统性地组合成整体的过程。

## 1.2.1 网络系统集成概述

网络系统集成是在信息系统工程方法的指导下,根据网络应用的需求,将网络硬件设备、系统软件和应用软件等产品和技术系统性地结合在一起,成为满足用户需求的较高性价比的计算机网络系统。网络系统集成抛开网络工程师的方法性研究、网络项目管理和控制,利用现有的先进技术、方法和工具完成网络系统的设计、实施和维护。

图 1.1 给出了网络工程的系统集成过程总框图。它包括用户需求分析、逻辑网络设计、物理网络设计、执行与实施、系统测试与验收、网络安全、管理与系统维护等过程。

传统的生命周期过程在网络工程中也能发挥作用。它提供了一种模型,使得分析、设计、安装、测试和维护方法可以在该模型的指导下展开。尽管这种模型还有许多缺点,但它显然要比网络工程中的随意状态好得多。由于网络设备的类型和型号是有限的,而用户的需求也可以归类,所以设计出来的网络有很多共性,并且有很多成功的网络系统设计范例可供参考,因此在实际的网络设计中,网络工程的系统集成模型还是十分有用的。

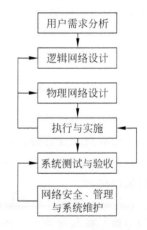

图 1.1 网络工程的系统集成过程示意图

## 1.2.2 网络系统集成层面

通常,网络系统集成包括三个主要层面:网络软硬件产品集成、网络技术集成和网络应用集成。

**1. 网络软硬件产品的集成**

网络系统集成涉及多种产品的组合。例如,网络信道采用传输介质(电缆、光缆)组成,网络通信平台采用数据交换和路由设备(交换机、路由器、收发器)组成,网络信息资源平台采用服务器和操作系统组成。

通常，一个网络产品制造商并不能提供一个集传输介质、通信平台和资源平台于一体的解决方案。因此，在一个网络系统中就会涉及多个制造商产品的组合使用。在这种组合中，网络工程设计与系统集成要考虑的首要问题就是不同品牌产品的兼容性或互换性，力求使这些产品集成为一体时能够得到"合理"最大、"内耗"最小的效果。

**2. 网络技术集成**

网络系统集成不是各种网络软硬产品的简单组合。网络系统集成是一种产品与技术的融合；是一种面向用户需求的增值服务；是一种在特定环境制约下集成商和用户寻求利益最大化的过程。

计算机网络技术源于计算机技术与通信技术的结合，发展于局域网技术和广域网技术的普遍应用。尤其是最近几年，新的网络通信技术、资源管理和控制技术层出不穷。例如，全双工交换式以太网、吉比特以太网、10 吉比特以太网，第三层交换，虚拟个人网（Virtual Private Network，VPN），双址（源地址、目标地址）路由，IPv6，IP 语音，双栈（IPv4、IPv6）路由，服务器集群与负载均衡，高性能计算集群，存储区域网络（Storage Area Network，SAN），IP 存储（IP SAN），虚拟存储（Virtual Storage，VS），Client/Server 模式、Browser/Server 模式和 Browser/Application/Server 模式，面向服务的分布式体系结构等。

由于网络技术体系纷繁复杂，使得集团网络用户、普通网络用户和一般技术人员难以掌握和选择。网络技术集成要求熟悉各种网络技术的人员完全从用户网络建设的需求出发，遵照网络技术集成理论、方法，为用户提供"量体裁衣"的一揽子技术解决方案。

**3. 网络应用集成**

网络应用系统是指在网络基础应用平台上，应用软件开发商或网络系统集成商为用户开放或用户自行开发的通用或专用应用系统。常用的通用系统有 DNS（Domain Name System，域名系统）、WWW（World Wide Web，万维网）、E-mail、FTP（File Transfer Protocol，文件传输协议）、VoD（Video on Demand，视频点播）、杀毒软件（网络版）、网络管理与故障诊断系统等。这些网络基本应用系统可根据用户的需求、提供的财力及应用系统的负载情况，将两种应用集成在一台服务器上（如 DNS 和 E-mail），以节约成本；或采用服务器集群技术将一种应用分布在两台（或多台）服务器上，以实现负载均衡；或采用虚拟存储技术将多种应用集成在一台高性能服务器上，以实现资源集中管理和节约用电。

专用系统有面向企业的财务管理系统、企业资源计划（Enterprise Resource Planning，ERP）系统、项目管理系统、电子商务系统、CAD（Computer Aided Design，计算机辅助设计）/CAM（Computer Aided Manufacturing，计算机辅助制造）系统等。面向学校的远程教学系统、多媒体网络教学系统、多媒体直播课堂、协作学习系统、研究性学习系统、电子考试、绩效测评系统等。

# 1.3  网络技术基础

计算机网络作为信息时代的核心，具有三项重要的特性：开放性、透明性、共享性。它是我们日常生活与工作日趋倚重的数据网络平台，因此，学习一定的网络知识，掌握相关网络技术，对日常生活的便利大有裨益。本节主要介绍计算机网络相关概念与原理，梳理网络技术的脉络,为后续自主搭建中小型企业网络实践打下良好的理论基础。

### 1.3.1 网络互联

　　一些互相连接的、自治的计算机的集合构成了最简单的计算机网络,例如,两台计算机和连接它们之间的链路。这里没有考虑多台计算机的情况,因此,不存在信息交换的问题。当加入其他节点时,即两台计算机又连接打印机,以及再加入一台私人计算机的实际需要,则需要引入交换的机制,连接、协调4个节点的通信。显然,单个小型网络之间同样需要相互通信,所以路由的概念应运而生。简言之,网络是由若干节点和连接这些节点的链路包括有线和无线组成的。网络中的节点可以是计算机、集线器、网桥、交换机、路由器、防火墙以及各种网络设备。

　　利用以太网、令牌环等技术把地理上分散的计算机连接在一起,形成相互通信,共享硬件、软件和信息等资源的系统即是局域网,以太网成为目前局域网中的主流技术。组建局域网的实际需求多来自于各类企业、部门单位、学校等,局域网的数据通信大部分仅限于内部网络(相对于公网,如因特网),因此,数据交换是局域网的核心业务,而交换机承载了这一重要功能。当网络中需要通信的双方距离较远时,例如一台主机位于宁波,另外一台主机位于北京,局域网对此显然无能为力,这时,就需要另外一种结构的网络,即广域网。广域网通常跨接很大的物理范围,所覆盖的范围从几十千米到几千千米,它能连接多个城市或国家,或横跨各个大洲并能提供远距离通信,形成国际性的远程网络。如互联网是世界范围内最大的广域网。城域网界于局域网与广域网之间,覆盖一个城市的地理范围,是用来将同一区域内的多个局域网互连起来的中等范围的计算机网,其传输媒介主要是光缆。城域网主要为城市各单位提供广域网接入服务,成为局域网连接广域网的桥梁,另外,它还提供个性化服务,例如,虚拟专用网络。

　　本书将从中小企业建设企业专用网络的实际需求出发,以局域网知识为基础,包括TCP/IP(Transmission Control Protocol/Internet Protocol,传输控制协议/因特网互联协议)、交换原理、路由原理、地址转换技术、防火墙技术等;兼顾广域网和城域网相关技术(考虑异地通信),例如 DDN(Digital Data Network,数字数据网)、IPSEC-VPN(Internet Protocol Security-Virtual Private Network,互联网协议安全——虚拟专用网)、PPP(Point to Point,点对点协议)协议等;融合系统软件集成服务,例如群集技术、存储技术网络连接式存储(NAS,Network Attached Storage)、因特网存储区域网络(IP-SAN Internet Protocol-Storage Area Network)等,搭建一个内外(包括分公司)互通、安全、高效、快速的现代企业自主网络。

### 1.3.2 交换原理

　　交换机是局域网中最重要的设备,起自于网桥,工作在 OSI(Open System Interconnect,开放式系统互联)模型中的数据链路层,统称为二层设备。二层交换机与网桥功能相同,但交换机的吞吐率更高、接口密度更大,每个接口的成本更低且更为灵活。随着技术的发展,交换机逐步成为具有三层路由功能,网络节点上话务承载装置、交换级、控制和信令设备以及其他功能单元的集合体。交换机能把用户线路、电信电路和其他要互连的功能单元根据单个用户的请求连接起来。利用专门设计的集成电路可使交换机以线路速率在所有的端口并行转发信息,为任意两个网络节点提供独享的电信号通路。

交换机根据 MAC(Media Access Control,介质访问控制)地址,通过一种确定性的方法在接口之间转发数据帧,即以太网交换机通过查看收到的每个帧的 MAC 地址,来学习每个接口连接的设备的 MAC 地址。从本质来看,交换机是一台特殊的计算机,主要由 CPU (Central Processing Unit,中央处理器)、内存储器、I/O(Input/Output,输入/输出)接口等部件组成,不同系列和型号的交换机,CPU 也不尽相同。当接口收到数据包后,交换机会查找内存中的地址对照表即 MAC 地址表,以确定目的 MAC 地址挂接在哪个端口,通过内部交换矩阵迅速将数据包传送到目的端口;若没有找到,则将帧广播到除入站接口外的所有接口,接收端口回应后交换机会"学习"新的地址,并把它添加入内部 MAC 地址表中。通过对照 MAC 地址表,交换机只允许必要的网络流量通过交换机,其每个接口即是一个独立的冲突域,而在一个网段上发生冲突不会影响其他网段,因此通过交换机的过滤和转发,可以有效地减少冲突域。

虽然交换机可基于 MAC 地址过滤大多数帧,但是它们不过滤广播帧,连接到交换机的所有主机仍然处于同一个广播域中,虚拟局域网(Virtual Local Area Network,VLAN)很好地解决了这个问题。VLAN 是由一些局域网网段构成的与物理位置无关的逻辑组,这些网段具有某些共同的需求。每一个 VLAN 的帧都有一个明确的标识符,指明发送这个帧的工作站是属于哪一个 VLAN。同一个 VLAN 的主机之间相互通信,不会影响到其他 VLAN 的主机,即便它们物理上在同一个局域网内。一个 VLAN 就是一个广播域,相比于物理设备的广播域,VLAN 可以进行人工划分,将广播域控制在一定范围。由于 VLAN 是用户和网络资源的逻辑组合,因此,可以进行按需组网,使用户从不同的服务器或数据库中存取所需的资源。

为了确保网络的高可靠性,需要在网络中设置冗余功能,当网络出现单点故障时,备份的组件可以使网络正常工作而不受影响,同时,冗余功能还为网络路径选择提供了相当的灵活性。然而,基于交换机的冗余拓扑会形成物理环路,引起广播风暴、多帧复制和 MAC 地址表抖动等问题。基于此,IEEE 802.1d 协议(Spanning-Tree Protocol)通过在交换机上运行一套复杂的算法,确定一个不存在回路的新拓扑。此时,某些冗余端口逻辑上断开,当链路出现故障时,STP(Spanning-Tree Protocol,生成树协议)协议将连接断开端口,重新计算网络的最优链路,使网络正常运行。

### 1.3.3 路由原理

路由器是一种具有多个输入端口和多个输出端口的专用计算机,包括 CPU、内存、ROM(Read-Only Memory,只读存储器)、操作系统等软硬件。路由器将各个网络彼此连接起来,这些网络可以是同一类型的网络,也可以不是;可以处在同一网段,也可以不在;可以位于本地,也可以是远程连接。简言之,路由器提供了在异构网络互联机制中,实现将数据包从一个网络发送到另一个网络的功能。

路由器负责将数据包传送到本地和远程目的网络,所采用的方法是首先确定发送数据包的最佳路径,其次再将数据包转发到目的地。路由选择和分组转发是路由器的两大核心功能。分组转发是路由器根据路由表将收到的 IP 数据包从合适的端口转发出去,当路由器收到数据包时,它会检查其目的 IP 地址,在路由表中搜寻最匹配的网络地址,并将数据包转移到合适的输出端口。路由表是根据路由选择算法得出的。路由选择通过运行复杂的分布式算法，根据从各相邻路由器所得到的关于整个网络的拓扑变换情况动态地改变所选择的路由。

路由选择表获取信息的方式有两种，以静态路由表项的方式手工输入信息或通过几种动态路由协议自动获取信息。静态路由是指由网络管理员手工配置的路由信息。它是一种最简单的配置路由的方法，一般用在小型网络或拓扑相对固定的网络中。但在某些大型网络中，配置静态路由就有其局限性了。

默认路由是静态路由的一种特例，是指路由表中未直接列出目标网络的路由选择项，它用于在不明确的情况下指示数据包下一跳的方向。路由器如果配置了默认路由，则所有未明确指明目标网络的数据包都按默认路由进行转发。

不同于其他路由，浮动静态路由不能被永久地保存在路由选择表中，它仅仅会出现在一种特殊的情况下，即在一条首选路由发生失败的时候。浮动静态路由主要考虑到链路的冗余性能。

动态路由协议分为内部网关协议（Interior Gateway Protocol，IGP）和外部网关协议（Exterior Gateway Protocol，EGP）。IGP用于因特网中自治系统内部选路，自治系统是指一组路由器处于相同的管理与技术控制下，它们相互之间都运行相同的选路协议；EGP用于自治系统之间的选路，常用的是BGP和BGP-4。

选路信息协议（Routing Information Protocol，RIP）、开放式最短路径优先协议（Open Shortest Path First，OSPF）是两种常用的内部网关协议。RIP是一种距离向量协议，使用跳数作为费用度量，最大跳数为15跳，因此，RIP适用于小规模网络。另外该协议简单、可靠，便于配置，对于小规模的、缺乏专业人员维护的网络来说，它是首选的路由协议。OSPF是一种基于链路状态的路由协议，需要每个路由器向其同一管理域的所有其他路由器发送链路状态广播信息。OSPF路由协议使用Cost作为费用度量值，该值是虚拟值，与网络中链路的带宽等相关，即OSPF路由信息不受物理跳数的限制。且OSPF支持路由验证，路由收敛速度快，综合支持单播选路与多播选路，因此，OSPF适合应用于大型网络。

路由器经常会收到以某种类型的数据链路帧（如以太网帧）封装的数据包，当转发这种数据包时，路由器可能需要将其封装为另一种类型的数据链路帧，如点对点协议（PPP）帧。数据链路封装取决于路由器接口的类型及其连接的介质类型。路由器可连接多种不同的数据链路技术，包括LAN技术（如以太网）、帧中继以及异步传输模式（Asynchronous Transfer Mode，ATM）等。

### 1.3.4　层次网络

层次化网络模型用于确保网络设计的高可靠性、高扩展性、高灵活性。层次型网络包括接入层、汇聚层、核心层。每一层都具有特定的功能，可以根据模型的作用来选择合适的系统与功能，这种方法有助于提供更精确的容量规划以及减少总费用。当然，具体设计没有必要将各层作为不同的实体来实现，应该根据设计情况，采用相应设备来实现，甚至可以完全省略某一层。然而，为了使性能最佳，需要维持层次化的结构。

接入层（Access Layer）是客户接入网络的集中点，接入层设备通过本地设备接入请求来控制业务。在园区环境中，接入层将共享局域网、交换局域网或子网化交换局域网接入设备与工作站和服务器互连；在广域网环境中，接入层可通过一些广域网技术将站点接入到公司网络；在小型网络中，接入层功能常与汇聚层混合，也就是说，一台设备可能处理接入层和汇聚层的所有功能。

汇聚层的功能主要是连接接入层节点和核心层中心。汇聚层设计为连接本地的逻辑中心，仍需要较高的性能和比较丰富的功能。汇聚层设备控制对核心层上的可用资源的访问，因此必须有效地使用带宽。汇聚层允许核心层在连接多个站点的同时保持高性能，为了保持核心中的高性能，汇聚层可能在带宽密集型接入层路由选择协议和最优化核心路由选择协议间重新分配流量，路由过滤也在汇聚层上实现。

核心层的功能主要是实现骨干网络之间的优化传输，骨干层设计任务的重点通常是冗余能力、可靠性和高速的传输。网络的控制功能最好尽量少在骨干层上实施。核心层一直被认为是所有流量的最终承受者和汇聚者，所以对核心层的设计以及网络设备的要求十分严格。核心层设备将占投资的主要部分。核心设备负责通过重新路由选择业务并快速响应网络拓扑变化处理故障，因此核心层需要考虑冗余设计，核心设备通过重新路由选择业务并快速响应网络拓扑变化处理故障。

## 1.3.5　软件系统集成

对于企业而言，需要对外提供各种访问、下载的服务，包括 Web 服务、FTP 服务、数据库服务、存储服务等。考虑公司内部网络安全以及网络管理易操作性的特点，还需要安装RADIUS(Remote Authentication Dial In User Service，远程用户拨号认证系统)服务器、网管服务器等。

Web 服务器使用超文本标记语言（Hypertext Markup Language，HTML)描述网络的资源，创建网页，以供 Web 浏览器阅读，采用传统的客户机/服务器模式对外发布公司相关信息。

数据库服务器为客户提供应用服务，这些服务包括查询、更新、事务管理、索引、高速缓存、查询优化、安全及多用户存取控制等。在 C/S 模型中，数据库服务器软件（后端）主要用于处理数据查询或数据操纵的请求。与用户交互的应用部分（前端）在用户的工作站上运行。

FTP(File Transfer Protocol，文件传输协议)用于 Internet 上控制文件的双向传输。同时，它也是一个应用程序（Application）。用户可以通过它把自己的 PC 与世界各地所有运行 FTP 协议的服务器相连，访问服务器上的大量程序和信息。FTP 的主要作用就是让用户连接上一个远程计算机（这些计算机上运行着 FTP 服务器程序）并查看远程计算机有哪些文件，然后把文件从远程计算机上拷贝到本地计算机，或把本地计算机的文件上传到远程计算机上去。

服务器操作系统主要采用 Windows 与 Linux 两种类型，Windows 型服务器采用图形化界面，操作简单便捷，易于管理维护，但 Linux 型服务器安全性能较高，具有较强的专业性，需要专业人员进行维护。与此同时，为了实现服务器负载均衡，需要使用群集技术，Microsoft 服务器提供了三种支持群集的技术：网络负载平衡（Network Load Balancing，NCB）、组件负载平衡（Component Load Balancing，CLB）、Microsoft 群集服务（Microsoft Cluster Service，MSCS）；同时，Linux 型操作系统，例如红帽企业版（Red Hat Enterprise'

Linux，RHEL)也可以编写相应脚本来实现负载均衡。

为了统一管理整个服务器群，提高企业对外服务的可控性，需要建立域控服务器(Domain Control，DC)。域可以提供一种集中式管理，这相比于分数管理有非常多的好处，首先，可以统一安全策略，集中管理；其次，可以进行软件集中管理，需安装，运行相关软件；第三，可以提供域名解析服务，方便外网用户的访问。域控服务器包含整个域的账户密码、管理策略等信息。只有属于该域的用户才能够使用该域内的资源，例如文件服务器、打印服务器等，其他用户则没有权限，这在一定程度上保护了企业网络资源。通过域控服务器管理企业的软件系统，能够最大限度地发挥各单项服务的效能，有效地利用系统各种资源，安全透明地对外部用户提供企业资源信息，为企业的发展保驾护航。

# 第2章 组网技术

本章内容主要围绕交换机和路由器的相关配置展开,涉及虚拟局域网(VLAN)、生成树协议(Spanning Tree Protocol,STP)、静态路由、动态路由、PPP 协议、NAT(Network Address Translation,网络地址转换)、访问控制列表(Access Control List,ACL)等理论知识。通过一系列组网实验,从企业实际出发,进行需求分析,设计网络拓扑,配置实施以达预期功能。局域网内容丰富,知识点众多,既含有理论又包括实践,读者通过本章的学习,能够大致了解局域网的知识及其应用,并掌握相关组网常识与技术,为后面进一步的学习打下良好的基础。

## 2.1 配置跨交换机的 VLAN

### 2.1.1 原理简介

虚拟局域网(Virtual Local Area Network,VLAN)是一种用于隔离广播域的技术。在交换机配置 VLAN 后,相同 VLAN 内的主机之间可以直接访问,不同 VLAN 则不能直接访问。VLAN 遵循了 IEEE 802.1q 协议的标准。在利用配置了 VLAN 的接口进行数据传输时,需要在数据帧内添加 4 个字节的 802.1q 标签信息,用于标识该数据帧属于哪个 VLAN,以便于对端交换机接收到数据帧后进行准确的过滤。由于 VLAN 是基于逻辑连接而不是物理连接的,所以它可以提供灵活的用户/主机管理、带宽分配以及资源优化等服务。

### 2.1.2 组网实践

假设某企业有两个重要部门:销售部和技术部,其中销售部门的个人计算机系统分散连接,它们之间需要相互通信,但为了数据安全起见,销售部和技术部需要相互隔离,则要在交换机上做适当的配置来实现这一目标。

通过分析可知,可以将两个部门分别配置到不同的 VLAN,只有在同一 VLAN 内(同一部门)的计算机系统可以跨交换机进行相互通信,反之则不行。网络拓扑如图 2.1 所示。

【实验设备】

交换机:2 台。

PC:3 台。

直连线:4 条。

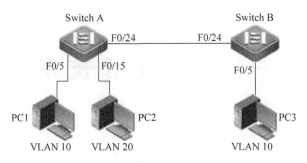

图 2.1　网络拓扑

**【实验步骤】**

步骤 1：在交换机 Switch A 上创建 VLAN 10，并将 0/5 端口划分到 VLAN 10 中。

| Switch A # *configure terminal* | 从特权模式进入到全局模式 |
| Switch A(config) # *VLAN 10* | 创建 VLAN 10 |
| Switch A(config-vlan) # *name sales* | 命名 VLAN 10 为 sales |
| Switch A(config-vlan) # *exit* | 退出 |
| Switch A(config) # *interface fastethernet 0/5* | 进入端口配置模式配置端口 5 |
| Switch A(config-if) # *switchport access VLAN 10* | 把该端口划分到 VLAN 10 中 |
| Switch A # *show VLAN id 10* | 查看 VLAN 10 的信息 |

显示如下：

```
VLANNAME              Status        Ports
--------------------------------------------------------------------------------
10 sales              active        Fa0/5
```

步骤 2：在交换机 Switch A 上创建 VLAN 20，并将 0/15 端口划分到 VLAN 20 中。

| Switch A(config) # *VLAN 20* | 创建 VLAN 20 |
| Switch A(config-vlan) # *name technical* | 命名 VLAN 20 为 technical |
| Switch A(config-vlan) # *exit* | 退出 |
| Switch A(config) # *interface fastethernet 0/15* | 进入端口配置模式配置端口 15 |
| Switch A(config-if) # *switchport access VLAN 20* | 把该端口划分到 VLAN 20 中 |
| Switch A # *show VLAN id 20* | 查看 VLAN 20 的信息 |

显示如下：

```
VLANNAME              Status        Ports
--------------------------------------------------------------------------------
20 technical          active        Fa0/15
```

步骤 3：把交换机 Switch A 与交换机 Switch B 相连的 F0/24 端口定义为 Trunk 模式。

| Switch A(config) # *interface fastethernet 0/24* | 进入端口配置模式配置端口 24 |
| Switch A(config-if) # *switchport mode trunk* | 将端口 0/24 配置为 Trunk 模式 |
| Switch A # *show interface fastethernet0/24 switchport* | 查看端口 0/24 的信息 |

显示如下：

```
Interface    Switchport Mode    Access  Native Protected VLAN lists
----------------------------------------------------------------------
FA0/24       Enabled  Trunk       1        1     Disabled   All
```

步骤 4：在交换机 Switch B 上创建 VLAN 10，并将 0/5 端口划分到 VLAN 10 中。

| Switch B # *configure terminal* | 从特权模式进入到全局模式 |
|---|---|
| Switch B(config) # *VLAN 10* | 创建 VLAN 10 |
| Switch B(config-vlan) # *name sales* | 命名 VLAN 10 为 sales |
| Switch B(config-vlan) # *exit* | 退出 |
| Switch B(config) # *interface fastethernet 0/5* | 进入端口配置模式配置端口 5 |
| Switch B(config-if) # *switchport access VLAN 10* | 把该端口划分到 VLAN 10 中 |
| Switch B # *show VLAN id 10* | 查看 VLAN 10 的信息 |

显示如下：

```
VLANNAME                        Status       Ports
----------------------------------------------------------------------
10  sales                       active       Fa0/5
```

步骤 5：把交换机 Switch B 与交换机 Switch A 相连的 F0/24 端口定义为 Trunk 模式。

| Switch B(config) # *interface fastethernet 0/24* | 进入端口配置模式配置端口 24 |
|---|---|
| Switch B(config-if) # *switchport mode trunk* | 将端口 0/24 配置为 Trunk 模式 |
| Switch B # *show interface fastethernet0/24 switchport* | 查看端口 0/24 的信息 |

显示如下：

```
Interface    Switchport Mode    Access  Native Protected VLAN lists
----------------------------------------------------------------------
FA0/24       Enabled  Trunk       1        1     Disabled   All
```

步骤 6：验证测试。

验证 PC1 与 PC3 可以相互通信，但是 PC2 与 PC3 不能相互通信。

PC1 的 IP 地址为 192.168.10.10，子网掩码为 255.255.255.0，默认网关和 DNS 为可选配置项。

PC2 的 IP 地址为 192.168.10.20，子网掩码为 255.255.255.0，默认网关和 DNS 为可选配置项。

PC3 的 IP 地址为 192.168.10.30，子网掩码为 255.255.255.0，默认网关和 DNS 为可选配置项。

在 PC1 的命令行方式下可以 ping 通 PC3：

```
C:/> ping 192.168.10.30
```

在 PC2 的命令行方式下不可以 ping 通 PC3：

```
C:/> ping 192.168.10.30
```

### 2.1.3　总结与分析

配置时,应注意将两台交换机直接相连的端口设置为 Trunk 模式,Trunk 接口在默认情况下支持所有的 VLAN 传输。通过配置 VLAN 可以隔离不同部门之间的通信,但是,当不同 VLAN 之间有相互通信的实际需要时,应该怎样配置才能让不同 VLAN 的用户相互访问呢? 下一节便提出了相应的解决方法。

## 2.2　配置 SVI 实现 VLAN 间路由

### 2.2.1　原理简介

VLAN 的目的是隔离广播域,并非要不同 VLAN 内的主机彻底不能互相通信,但 VLAN 间的通信等同于不同广播域之间的通信,必须使用第三层的设备才能实现。VLAN 间的通信就是指 VLAN 间的路由,是 VLAN 之间在一个路由器或者其他三层设备(例如三层交换机)上发生的路由。通过在三层交换机上为各 VLAN 配置 SVI 接口,利用三层交换机的路由转发功能可以实现 VLAN 间的路由。

### 2.2.2　组网实践

为减小广播包对网络的影响,网络管理员在公司内部网络中进行了 VLAN 的划分。完成 VLAN 的划分后,发现不同 VLAN 之间无法互相访问。

通过分析,可以通过配置三层交换机的 SVI 接口实现 VLAN 之间的路由,网络拓扑如图 2.2 所示。

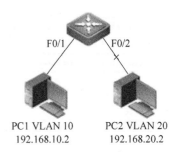

PC1 VLAN 10　　　PC2 VLAN 20
192.168.10.2　　　192.168.20.2

图 2.2　网络拓扑图

【实验设备】

三层交换机:1 台。

PC:2 台。

【实验步骤】

步骤 1:在三层交换机上创建两个 VLAN,VLAN 10 与 VLAN 20。

| Switch # *configure terminal* | 进入到全局配置模式 |
| --- | --- |
| Switch(config) # *vlan 10* | 创建 VLAN 10 |
| Switch(config-vlan) # *exit* | 退出 |
| Switch(config) # *vlan 20* | 创建 VLAN 20 |
| Switch(config-vlan) # *exit* | 退出 |

步骤 2:在三层交换机上将端口分别划分到各个 VLAN 上。

| Switch(config) # *interface fastethernet 0/1* | 进入到端口配置模式配置 1 口 |
| --- | --- |
| Switch(config-if) # *switchport access vlan 10* | 把该端口划分到 VLAN 10 |
| Switch(config-if) # *exit* | 退出 |
| Switch(config) # *interface fastethernet 0/2* | 进入到端口配置模式配置 2 口 |
| Switch(config-if) # *switchport access vlan 20* | 把该端口划分到 VLAN 20 |
| Switch(config-if) # *exit* | 退出 |

步骤 3：在三层交换机上给各个 VLAN 配置 IP 地址。

| Switch(config)#*interface vlan 10* | 进入 VLAN 10 的端口配置模式 |
|---|---|
| Switch(config-if)#*ip address 192.168.10.1 255.255.255.0* | 给 VLAN 10 配置 IP 地址 |
| Switch(config-if)#*no shutdown* | 激活该端口 |
| Switch(config-if)#*exit* | 退出 |
| Switch(config)#*interface vlan 20* | 进入 VLAN 20 的端口配置模式 |
| Switch(config-if)#*ip address 192.168.20.1 255.255.255.0* | 给 VLAN 20 配置 IP 地址 |
| Switch(config-if)#*no shutdown* | 激活该端口 |
| Switch(config-if)#*exit* | 退出 |

步骤 4：验证测试。

按拓扑中所示配置 PC 连线，从 VLAN 10 中的 PC1 ping VLAN 20 中的 PC2。

PC1 的 IP 地址为 192.168.10.2，子网掩码为 255.255.255.0，网关为 192.168.10.1，DNS 为可选配置。

PC2 的 IP 地址为 192.168.20.2，子网掩码为 255.255.255.0，网关为 192.168.20.1，DNS 为可选配置。

在 PC1 的命令行方式下可以 ping 通 PC2：

```
C:/> ping 192.168.20.2
```

### 2.2.3  总结与分析

配置时，VLAN 中的 PC 的 IP 地址需要和三层交换机上相应 VLAN 的 IP 地址在同一网段，并且主机网关配置为三层交换机上相应的 VLAN 的 IP 地址；另外，也可以在路由器上配置子接口，实现 VLAN 间的路由。为了确保网络的高可靠性，需要在网络中配置冗余备份，这时容易出现环路，产生网络风暴等问题，应该怎么解决这个问题呢？下一节便提出了相应的解决方法。

# 2.3  配置 STP 交换机优先级

### 2.3.1  原理简介

为了提高网络稳定性，网络中通常会提供冗余链路，但是冗余链路会形成物理环路，从而引发广播风暴、MAC 地址表不稳定等问题，甚至导致网络瘫痪。因此在网络中运行生成树 STP 技术，提供冗余链路同时解决环路问题。通过配置交换机优先级，使指定交换机成为根交换机，同时阻断相关端口，使得网络正常通信且无环路。

### 2.3.2  组网实践

在某公司网络中，为提高网络稳定性，拓扑连接成如图 2.3 所示的环状结构。但是为了避免广播风暴影响网络使用，考虑在网络中的交换机上启用 STP。

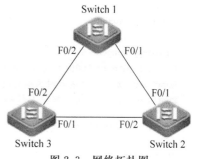

图 2.3  网络拓扑图

组网技术

通过分析,可以配置交换机 STP 优先级指定网络中的根交换机,并阻塞相关端口。

【实验设备】

交换机:3 台。

【实验步骤】

步骤 1:在三台交换机上都启用生成树并设置模式为 STP。

| | |
|---|---|
| Switch1(config)# *spanning-tree* | 启用生成树协议 |
| Switch1(config)# *spanning-tree mode stp* | 设置生成树模式为 STP |
| Switch2(config)# *spanning-tree* | 启用生成树协议 |
| Switch2(config)# *spanning-tree mode stp* | 设置生成树模式为 STP |
| Switch3(config)# *spanning-tree* | 启用生成树协议 |
| Switch3(config)# *spanning-tree mode stp* | 设置生成树模式为 STP |

步骤 2:在指定为根的交换机上配置交换机优先级。

| | |
|---|---|
| Switch1(config)# *spanning-tree priority 4096* | 指定的交换机的优先级为 4096 |

步骤 3:查看各个交换机上的生成树选举结果。

| | |
|---|---|
| Switch1# *show spanning-tree* | 查看交换机上的基本配置 |
| Switch2# *show spanning-tree* | 查看交换机上的基本配置 |
| Switch3# *show spanning-tree* | 查看交换机上的基本配置 |

Switch1 的基本配置信息:

StpVersion: STP
SysStpStatus: ENABLED
MaxAge: 20
HelloTime: 2
ForwardDelay: 15
BridgeMaxAge: 20
BridgeHelloTime: 2
BridgeForwardDelay: 15
MaxHops: 20
TxHoldCount: 3
PathCostMethod: Long
BPDUGuard: Disabled
BPDUFilter: Disabled
BridgeAddr: 001a.a90a.451c
Priority: 4096
TimeSinceTopologyChange: 0d:0h:15m:51s
TopologyChanges: 5
DesignatedRoot: 1000.001a.a90a.451c
**RootCost: 0**      //显示到达根交换机的开销,由于自身即为根交换机,因此开销为 0
**RootPort: 0**      //根交换机上的端口都为指定端口,无根端口,全部参与数据的转发

Switch2 的基本配置信息:

StpVersion: STP

SysStpStatus: ENABLED

MaxAge: 20

HelloTime: 2

ForwardDelay: 15

BridgeMaxAge: 20

BridgeHelloTime: 2

BridgeForwardDelay: 15

MaxHops: 20

TxHoldCount: 3

PathCostMethod: Long

BPDUGuard: Disabled

BPDUFilter: Disabled

BridgeAddr: 001a.a90a.d290

Priority: 32768

TimeSinceTopologyChange: 0d:2h:24m:51s

TopologyChanges: 0

DesignatedRoot: 1000.001a.a90a.451c

RootCost: 200000　//交换机 2 到达根交换机的开销为 200000

RootPort: 1　//交换机 2 上的 1 端口为根端口,可以查看另外一个端口的状态,*show spanning - tree*
　　　　　　//*interface fastethernet 0/2*

Switch3 的基本配置信息:

StpVersion: STP

SysStpStatus: ENABLED

MaxAge: 20

HelloTime: 2

ForwardDelay: 15

BridgeMaxAge: 20

BridgeHelloTime: 2

BridgeForwardDelay: 15

MaxHops: 20

TxHoldCount: 3

PathCostMethod: Long

BPDUGuard: Disabled

BPDUFilter: Disabled

BridgeAddr: 001a.a90a.ba72

Priority: 32768

TimeSinceTopologyChange: 0d:0h:17m:59s

TopologyChanges: 2

DesignatedRoot: 1000.001a.a90a.451c

RootCost: 200000　//交换机 3 到达根交换机的开销为 200000

RootPort: 2　//交换机 3 上的 2 端口为根端口,可以查看另外一个端口的状态,*show spanning - tree*
　　　　　　//*interface fastethernet 0/1*

## 2.3.3　总结与分析

　　配置时,需要先在交换机上启用生成树,然后连接拓扑,否则会引发环路。交换机生成树优先级的取值范围是 0~61440,且为 0 或者 4096 的整数倍,数值越小,优先级越高。在查看生成树的基本配置的时候主要是 RootCost(显示到达根交换机的开销)项和 RootPort(显示根端口)项。

19

第 2 章

# 2.4 配置端口聚合提供冗余备份链路

## 2.4.1 原理简介

端口聚合又称链路聚合,是指两台交换机之间在物理上将多个端口连接起来,将多条链路聚合成一条逻辑链路,从而增大链路带宽,解决交换网络中因带宽引起的网络瓶颈问题。多条物理链路之间能够相互冗余备份,其中任意一条链路断开,不会影响其他链路正常转发数据。端口聚合遵循 IEEE 802.3ad 协议的标准。

## 2.4.2 组网实践

假设某企业采用两台交换机组成一个局域网,由于很多数据流量是跨过交换机进行转发的,因此需要提高交换机之间的传输带宽,并实现链路冗余备份。

为此网络管理员在两台交换机之间采用两根网线互连,并将相应的两个端口聚合为一个逻辑端口。现要在交换机上做适当配置,达到增加交换机之间的传输带宽,并实现链路冗余备份的目标。网络拓扑如图 2.4 所示。

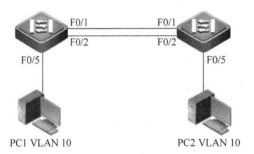

图 2.4 网络拓扑图

【实验设备】

交换机:2 台。

PC:2 台。

【实验步骤】

步骤 1:交换机 Switch A 的基本配置。

| SwitchA # *configure terminal* | 进入到全局配置模式 |
| --- | --- |
| SwitchA(config) # *vlan 10* | 创建 VLAN 10 |
| SwitchA(config-vlan) # *name sales* | 命名 VLAN 10 为 sales |
| SwitchA(config-vlan) # *exit* | 退出 |
| SwitchA(config) # *interface fastethernet 0/5* | 进入到端口配置模式 |
| SwitchA(config-if) # *switchport access vlan 10* | 把端口划分到 VLAN 10 |
| SwitchA(config-vlan) # *end* | 退到特权模式 |
| SwitchA # *show vlan id 10* | 显示 VLAN 10 的基本信息 |

显示如下：

```
VLANNAME                        Status      Ports
---------------------------------------------------------------
10  sales                       active      Fa0/5
```

步骤 2：在交换机 Switch A 上配置聚合端口。

| SwitchA(config)♯ *interface aggergateport 1* | 创建聚合接口 AG1 |
| SwitchA(config-if)♯ *switchport mode trunk* | 配置 AG1 模式为 Trunk |
| SwitchA(config-if)♯ *exit* | 退出到全局模式 |
| SwitchA(config)♯ *interface range fastethernet 0/1-2* | 进入端口配置模式配置 1,2 端口 |
| SwitchA(config-if-range)♯ *port-group 1* | 配置接口 1,2 属于 AG1 |
| SwitchA(config-if-range)♯ *end* | 退出到特权模式 |
| SwitchA♯ *show aggregateport 1 summary* | 查看端口聚合组 1 的信息 |

显示如下：

```
Aggregateport MAxPorts  SwitchPort  Mode  Ports
---------------------------------------------------------------
Ag1           8         Enabled     Trunk Fa0/1,Fa0/2
```

步骤 3：交换机 Switch B 的基本配置。

| SwitchB *configure terminal* | 进入到全局配置模式 |
| SwitchB(config)♯ *vlan 10* | 创建 VLAN 10 |
| SwitchB(config-vlan)♯ *name sales* | 命名 VLAN 10 为 sales |
| SwitchB(config-vlan)♯ *exit* | 退出 |
| SwitchB(config)♯ *interface fastethernet 0/5* | 进入到端口配置模式 |
| SwitchB(config-if)♯ *switchport access vlan 10* | 把端口划分到 VLAN 10 |
| SwitchB(config-vlan)♯ *end* | 退到特权模式 |
| SwitchB *show vlan id 10* | 显示 VLAN 10 的基本信息 |

显示如下：

```
VLANNAME                        Status      Ports
---------------------------------------------------------------
10  sales                       active      Fa0/5
```

步骤 4：在交换机 SwitchB 上配置聚合端口。

| SwitchB (config)♯ *interface aggergateport 1* | 创建聚合接口 AG1 |
| SwitchB (config-if)♯ *switchport mode trunk* | 配置 AG1 模式为 Trunk |
| SwitchB (config-if)♯ *exit* | 退出到全局模式 |
| SwitchB (config)♯ *interface range fastethernet 0/1-2* | 进入端口配置模式配置 1,2 端口 |
| SwitchB (config-if-range)♯ *port-group 1* | 配置接口 1,2 属于 AG1 |
| SwitchB (config-if-range)♯ *end* | 退出到特权模式 |
| SwitchB♯ *show aggregateport 1 summary* | 查看端口聚合组 1 的信息 |

```
Aggregateport MAxPorts  SwitchPort  Mode  Ports
--------------------------------------------------------------------
Ag1           8         Enabled     Trunk  Fa0/1,Fa0/2
```

步骤5：验证测试。

验证当一条链路断开时，PC1与PC2仍能相互通信。

PC1的IP地址为192.168.10.10，子网掩码255.255.255.0，网关和DNS为可选配置项。

PC2的IP地址为192.168.10.30，子网掩码255.255.255.0，网关和DNS为可选配置项。

```
C:\> ping 192.168.10.30 -t
```

### 2.4.3 总结与分析

由于两台PC处于同一个VLAN，因此，网关无须配置；另外，应该先配置两台交换机的端口聚合，再进行连线，否则会引起广播风暴，影响交换机的正常工作。只有同类型端口才可以聚合为一个AG（Aggergateport）端口，所有物理端口必须同属于一个VLAN，在锐捷交换机上最多支持8个物理端口聚合为一个AG。

# 2.5 配置端口安全

### 2.5.1 原理简介

交换机的端口安全特性可以只允许特定的MAC地址的设备接入到网络中，从而防止用户将非法或未授权的设备接入到网络中，并且可以限制端口接入到网络中的设备数量，防止用户将过多的设备接入到网络中。

### 2.5.2 组网实践

某企业的网络管理员发现经常有员工私自将自己的笔记本电脑接入到网络中，而且有一些员工通过使用Hub将多个网络设备接入到交换机端口上，给网络管理和维护增加了难度。

对于网络中出现的这种问题，需要防止用户接入非法或未授权的设备，并且限制用户将多个网络设备接入到交换机的端口。交换机的端口安全特性可以满足这个要求，从而提高接入层的网络安全性，网络拓扑如图2.5所示。

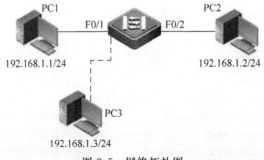

图 2.5　网络拓扑图

**【实验设备】**

交换机：1台。

PC：3台。

**【实验步骤】**

步骤1：在交换机上启用端口安全特性。

| Switch # *configure terminul* | 进入到全局配置模式 |
|---|---|
| Switch(config) # *interface fastethernet 0/1* | 进入到端口配置模式配置端口1 |
| Switch(config-if) # *switchport port-security* | 配置端口1为安全模式 |

步骤2：手工配置 PC1 的 MAC 地址，即保证只有 PC1 可以接到此端口。

| Switch(config-if) # *switchport port-security mac-address xxxx.xxxx.xxxx* （例如：*0001.0001.0001*） | 配置可以安全接入的实际 MAC 地址 |
|---|---|

步骤3：配置端口接入数量的限制。

| Switch(config-if) # *switchport port-security maxmum 1* | 设置此端口的最大接入数为1 |
|---|---|

步骤4：配置当此端口产生违规时的操作。

| Switch（config-if）# *switchport port-security violation shutdown* | 当产生违规操作时关闭此端口 |
|---|---|

显示如下：

```
May 2 11:20:46 % PORT_SECURITY - 2 - PSECURE_VIOLATION: Security violation occurred, caused by
MAC address 0023. ae8b. 37fa on port FastEthernet 0/1. wny 2 11:20:48  % LINK - 5 - CHANGED:
Interface FastEthernet 0/1, changed state to do May 2 11:20:48  % LINEPROTO - 5 - UPDOWN: Line
protocol on Interface FastEthernet 0/1, changed state to down
```

步骤5：验证测试。

将 PC1 接入 F0/1 端口，PC1 可以与 PC2 互相 ping 通。

PC1 的 IP 地址为 192.168.1.1，子网掩码 255.255.255.0，网关和 DNS 为可选配置项。

PC2 的 IP 地址为 192.168.1.2，子网掩码 255.255.255.0，网关和 DNS 为可选配置项。

将 PC3 接入到 F0/1 端口的时候配置 IP 地址为 192.168.1.3，与 PC2 相互不通，即使配置和 PC1 同样的 IP 也不可以。并且在交换机的页面上会出现违规操作等一系列信息。

## 2.5.3  总结与分析

配置端口安全之前必须使用命令"switchport mode access"将端口设置为 Access 端口，当端口由于违规操作被关闭时，可以在全局模式下使用"errdisable recovery"命令将其恢复。

以上5个实验仅限于局域网内部，均涉及二层或三层交换机的相关操作，对于内网用户必然有访问外网（例如因特网）的实际需要，怎样实现远程访问呢？这里肯定会涉及路由，路由协议总体上分为静态与动态两种类型，下面我们首先学习静态路由的原理与相关配置。

# 2.6 配置静态路由

## 2.6.1 原理简介

路由器属于网络层设备,能够根据 IP 包头部信息,选择一条最佳路径,将数据包转发出去,实现不同网段的主机之间的互相访问。

路由器是根据路由表进行选路和转发的,而路由表就是由一条条的路由信息组成的。路由表的产生方式一般有以下三种。

(1)直连路由。给路由器接口配置一个 IP 地址,路由器自动产生本接口 IP 所在网段的路由信息。

(2)静态路由。在拓扑结构简单的网络中,网络管理员通过手工的方式配置本路由器未知网段的路由信息,从而实现不同网段之间的连接。

(3)动态路由协议学习产生的路由。在大规模的网络中,或者网络拓扑相对复杂的情况下,通过在路由器上运行动态路由协议,路由器之间互相自动学习产生路由信息。

## 2.6.2 组网实践

假设校园内通过一台路由器连接到校园外的另一台路由器上,现要在路由器上做适当的配置,使校园网内部主机和校园网外部主机相互通信。即通过相关配置,实现网络的互联互通,从而实现信息的共享和传递。网络拓扑如图 2.6 所示。

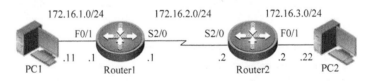

图 2.6 网络拓扑

**【实验设备】**

路由器:2 台。

V.35 线缆:1 条。

PC:2 台。

**【实验步骤】**

步骤 1:在路由器 Router1 上配置接口的 IP 地址和串口上的时钟频率。

| | |
|---|---|
| Router(config)♯*hostname Router1* | 给路由器命名 |
| Router1(config)♯*interface fastethernet 0/1* | 进入到端口配置模式 |
| Router1(config-if)♯*ip address 172.16.1.1 255.255.255.0* | 给此端口配置一个 IP 地址 |
| Router1(config if)♯*no shutdown* | 启用此端口 |
| Router1(config)♯*interface serial 2/0* | 进入到端口配置模式 |
| Router1(config-if)♯*ip address 172.16.2.1 255.255.255.0* | 给此串口配置一个 IP 地址 |
| Router1(config-if)♯*no shutdown* | 启用此端口 |
| Router1♯*show ip interface brief* | 查看路由器接口的配置 |
| Router1♯*show ip interface serial 2/0* | 查看串口的状态 |

IP　Interface 的基本信息：

| Interface | IP - Address(Pri) | OK? | Status |
|---|---|---|---|
| Serial 2/0 | 172.16.2.1/24 | YES | UP |
| Serial 3/0 | no address | YES | DOWN |
| FastEthernet 0/0 | no address | YES | DOWN |
| FastEthernet 0/1 | 172.16.1.1/24 | YES | UP |

串口的基本信息：

Index(dec):1 (hex):1

　　**Serial 2/0 is UP, line protocol is UP**

　　Hardware is SIC - 1HS HDLC CONTROLLER Serial

　　Interface address is: 172.16.2.1/24

　　MTU 1500 bytes, BW 2000 Kbit

　　Encapsulation protocol is HDLC, loopback not set

　　Keepalive interval is 10 sec, set

　　Carrier delay is 2 sec

　　RXload is 1, Txload is 1

　　Queueing strategy: FIFO

　　Output queue 0/40, 0 drops;

　　Input queue 0/75, 0 drops

　　9 carrier transitions

　　V35 DTE cable

　　DCD = up DSR = up DTR = up RTS = up CTS = up

　　5 minutes input rate 17 bits/sec, 0 packets/sec

　　5 minutes output rate 17 bits/sec, 0 packets/sec

　　84 packets input, 1848 bytes, 0 no buffer, 0 dropped

　　Received 84 broadcasts, 0 runts, 0 giants

　　1 input errors, 0 CRC, 1 frame, 0 overrun, 0 abort

　　85 packets output, 1870 bytes, 0 underruns, 0 dropped

　　0 output errors, 0 collisions, 7 interface resets

步骤 2：在路由器 Router1 上配置静态路由。

| | |
|---|---|
| Router1(config)#*ip route 172.16.3.0 255.255.255.0 172.16.2.2*<br>或者<br>Router1(config)#*ip route 172.16.3.0 255.255.255.0 serial 2/0* | 配置此路由器上的静态路由 |
| Router1#*show ip route* | 查看该路由器上的路由信息 |

路由表里的基本信息：

Codes: C - connected, S - static, R - RIP, B - BGP

　　　O - OSPF, IA - OSPF inter area

　　　N1 - OSPF NSSA external type 1, N2 - OSPF NSSA external type 2

　　　E1 - OSPF external type 1, E2 - OSPF external type 2

　　　i - IS - IS, su - IS - IS summary, L1 - IS - IS level - 1, L2 - IS - IS level - 2

　　　ia - IS - IS inter area, * - candidate default

Gateway of last resort is no set

C　　172.16.1.0/24 is directly connected, FastEthernet 0/1

C　　172.16.1.1/32 is local host.

```
C    172.16.2.0/24 is directly connected,Serial 2/0
C    172.16.2.1/32 is local host.
S    172.16.3.0/24 [1/0] via 172.16.2.2    //通过静态路由学习到 172.16.3.0/24 网段的路由信息
```

步骤 3：在路由器 Router2 上配置接口的 IP 地址。

| | |
|---|---|
| Router(config)#*hostname Router2* | 给路由器命名 |
| Router2(config)#*interface fastethernet 0/1* | 进入到端口配置模式 |
| Router2(config-if)#*ip address 172.16.3.2 255.255.255.0* | 给此端口配置一个 IP 地址 |
| Router2(config-if)#*no shutdown* | 启用此端口 |
| Router2(config)#*interface serial 2/0* | 进入到端口配置模式 |
| Router2(config-if)#*ip address 172.16.2.2 255.255.255.0* | 给此串口配置一个 IP 地址 |
| Router1(config-if)#*clock rate 64000* | 配置串口的时钟频率 |
| Router2(config-if)#*no shutdown* | 启用此端口 |
| Router2#*show ip interface brief* | 查看路由器接口的配置 |
| Router2#*show ip interface serial 2/0* | 查看串口的状态 |

路由器各个接口的基本信息：

```
Interface              IP-Address(Pri)      OK?          Status
Serial 2/0             172.16.2.2/24        YES          UP
Serial 3/0             no address           YES          DOWN
FastEthernet 0/0       no address           YES          DOWN
FastEthernet 0/1       172.16.3.2/24        YES          UP
```

串口的基本信息：

```
Index(dec):1 (hex):1
Serial 2/0 is UP,line protocol is UP
Hardware is SIC-1HS HDLC CONTROLLER Serial
Interface address is: 172.16.2.2/24
MTU 1500 bytes,BW 2000 Kbit
Encapsulation protocol is HDLC,loopback not set
Keepalive interval is 10 sec,set
Carrier delay is 2 sec
RXload is 1,Txload is 1
Queueing strategy: FIFO
Output queue 0/40,0 drops;
Input queue 0/75,0 drops
3 carrier transitions
V35 DCE cable
DCD=up DSR=up DTR=up RTS=up CTS=up
5 minutes input rate 17 bits/sec,0 packets/sec
5 minutes output rate 17 bits/sec,0 packets/sec
109 packets input,2398 bytes,0 no buffer,0 dropped
Received 109 broadcasts,0 runts,0 giants
5 input errors,0 CRC,2 frame,0 overrun,3 abort
110 packets output,2420 bytes,0 underruns,0 dropped
0 output errors,0 collisions,2 interface resets
```

步骤 4：在路由器 Router2 上配置静态路由。

| | |
|---|---|
| Router2(config)#*ip route 172.16.1.0 255.255.255.0 172.16.2.1*<br>或者<br>Router2(config)#*ip route 172.16.1.0 255.255.255.0 serial 2/0* | 配置此路由器上的静态路由 |
| Router2#*show ip route* | 查看该路由器上的路由信息 |

路由表里的基本信息：

```
Codes: C - connected, S - static, R - RIP, B - BGP
       O - OSPF, IA - OSPF inter area
       N1 - OSPF NSSA external type 1, N2 - OSPF NSSA external type 2
       E1 - OSPF external type 1, E2 - OSPF external type 2
       i - IS - IS, su - IS - IS summary, L1 - IS - IS level - 1, L2 - IS - IS level - 2
       ia - IS - IS inter area, * - candidate default
Gateway of last resort is no set
S    172.16.1.0/24 [1/0] via 172.16.2.1   //通过静态路由学习到 172.16.1.0/24 网段的路由信息
C    172.16.2.0/24 is directly connected, Serial 2/0
C    172.16.2.2/32 is local host.
C    172.16.3.0/24 is directly connected, FastEthernet 0/1
C    172.16.3.2/32 is local host.
```

步骤 5：测试网络的互联互通性。

PC1 与 PC2 之间能够相互 ping 通。

PC1 的 IP 地址为 172.16.1.11，子网掩码为 255.255.255.0，网关为 172.16.1.1，DNS 为可选配置项。

PC2 的 IP 地址为 172.16.3.22，子网掩码为 255.255.255.0，网关为 172.16.3.2，DNS 为可选配置项。

```
C:\> ping 172.16.3.22
C:\> ping 172.16.1.11
```

### 2.6.3 总结与分析

如果两台路由器通过串口直接相连，则应该在其中一台路由器上设置时钟频率，且是作为 DCE（数据通信设备）的路由器上，否则链路是不通的。

# 2.7 配置 VRRP 协议

### 2.7.1 原理简介

VRRP(Virtual Router Redundancy Protocol，虚拟路由器冗余协议)是一种备份冗余解决方案，它共享多路访问介质（如以太网）上终端 IP 设备的默认网关，并进行冗余备份，从而在其中一台路由设备宕机时，备份路由设备能够及时接管转发工作，为用户提供透明的切换，提高网络服务质量。

VRRP 路由器是指运行 VRRP 的路由器，它是物理实体。一个 VRRP 组中只有 1 台处于主控角色的路由器,还有一个或者多个处于备份角色的路由器。VRRP 使用选举机制从一组 VRRP 路由器中选出 1 台作为主路由器,负责 ARP 响应和转发 IP 数据包,VRRP 组中的其他路由器作为备份的角色处于待命状态。当由于某种原因主路由器发生故障时,备份路由器能在几秒钟的时延后升级为主路由器。由于切换速度非常迅速而且终端不用改变默认网关的 IP 地址和 MAC 地址,故对终端使用者,系统是透明的。

### 2.7.2　组网实践

假设某公司组建内部网络,该网络经二次交换机、路由器连接至出口处核心交换机,通过核心交换机接入互联网,要求高可靠性与易操作性。

通过在路由器上配置 VRRP 协议,实现两台路由器互为备份冗余,PC 使用虚拟 IP 地址作为默认网关,隔离了故障对用户终端的影响。网络拓扑如图 2.7 所示。

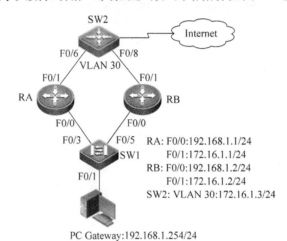

图 2.7　网络拓扑图

【实验设备】

二层交换机:1 台。

三层交换机:1 台。

路由器:2 台。

V.35 线缆:1 根。

PC:1 台。

【实验步骤】

步骤 1:在三层交换机 SW2 配置 VLAN 及 SVI,同时划分端口至 VLAN。

| | |
|---|---|
| SW2(config)#**VLAN 30** | 进入端口配置模式 |
| SW2(config-vlan)#**exit** | 退出 |
| SW2(config)#**interface range fastethernet 0/6-10** | 进入端口配置模式 |
| SW2(config-if-range)#**switchport access VLAN 30** | 划分进 VLAN |
| SW2(config-if-range)#**exit** | 退出 |
| SW2(config)#**interface vlan 30** | 进入 VLAN 30 的端口配置模式 |
| SW2(config-if)#**ip address 172.16.1.3 255.255.255.0** | 给 VLAN 30 配置 IP 地址 |

| | |
|---|---|
| SW2(config-if)♯*no shutdown* | 激活该端口 |
| SW2(config-if)♯*exit* | 退出 |

步骤 2：在路由器 RA 和 RB 的各个端口上配置 IP 地址。

| | |
|---|---|
| RA(config)♯*interface fastethernet 0/0* | 进入端口配置模式 |
| RA(config-if)♯*ip address 192.168.1.1 255.255.255.0* | 给此端口配置 IP 地址 |
| RA(config-if)♯*no shutdown* | 启用该端口 |
| RA(config-if)♯*exit* | 退出 |
| RA(config)♯*interface fastethernet 0/1* | 进入到端口配置模式 |
| RA(config-if)♯*ip address 172.16.1.1 255.255.255.0* | 给此端口配置 IP 地址 |
| RA(config-if)♯*no shutdown* | 启用该端口 |
| RA(config-if)♯*exit* | 退出 |
| RB(config)♯*interface fastethernet 0/0* | 进入端口配置模式 |
| RB(config-if)♯*ip address 192.168.1.2 255.255.255.0* | 给此端口配置 IP 地址 |
| RB(config-if)♯*no shutdown* | 启用该端口 |
| RB(config-if)♯*exit* | 退出 |
| RB(config)♯*interface fastethernet 0/1* | 进入到端口配置模式 |
| RB(config-if)♯*ip address 172.16.1.2 255.255.255.0* | 给此端口配置 IP 地址 |
| RB(config-if)♯*no shutdown* | 启用该端口 |
| RB(config-if)♯*exit* | 退出 |

步骤 3：在路由器 RA、RB 以及交换机 SW2 上配置默认路由。

| | |
|---|---|
| SW2(config)♯*ip route 0.0.0.0 0.0.0.0 172.16.1.1* | 配置默认路由 |
| SW2(config)♯*ip route 0.0.0.0 0.0.0.0 172.16.1.2* | 配置默认路由 |
| RA(config)♯*ip route 0.0.0.0 0.0.0.0 172.16.1.3* | 配置默认路由 |
| RB(config)♯*ip route 0.0.0.0 0.0.0.0 172.16.1.3* | 配置默认路由 |

步骤 4：在路由器 RA、RB 上配置 VRRP。

| | |
|---|---|
| RA(config)♯*interface fastethernet 0/0* | 进入端口配置模式 |
| RA(config-if)♯*vrrp 10 ip 192.168.1.254* | 创建虚拟组 10 并配置 IP 地址 |
| RA(config-if)♯*vrrp 10 priority 120* | 设置路由器 RA 在虚拟组 10 中的优先级为 120,默认为 100 |
| RA(config-if)♯*exit* | 退出 |
| RB(config)♯*interface fastethernet 0/0* | 进入端口配置模式 |
| RB(config-if)♯*vrrp 10 ip 192.168.1.254* | 创建虚拟组 10 并配置 IP 地址 |
| RB(config-if)♯*exit* | 退出 |

步骤 5：在路由器 RA、RB 上分别查看当前状态。

| | |
|---|---|
| RA(config)♯*show vrrp brief* | 查看 RA 主从状态 |
| RB(config)♯*show vrrp brief* | 查看 RB 主从状态 |

路由器 RA：

| Interface | Grp | Pri timer Own Pre State | Master addr | Group addr |
|---|---|---|---|---|
| FastEthernet 0/0 | 10 | 120 3 — P Master | 192.168.1.1 | 192.168.1.254 |

路由器 RB：

| Interface | Grp | Pri timer Own Pre State | Master addr | Group addr |
|---|---|---|---|---|
| FastEthernet 0/0 | 10 | 100 3 — P Backup | 192.168.1.1 | 192.168.1.254 |

步骤 6：验证与测试。

PC 的 IP 地址为 192.168.1.10，子网掩码为 255.255.255.0，网关为 192.168.1.254，DNS 为可选配置项。

在 PC 上 ping 交换机 SW2 的 vlan SVI 与测试路由情况如图 2.8 所示。

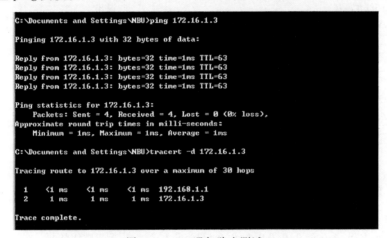

图 2.8　ping 通与路由测试

断开 RA 与二层交换机 SW1 之间的连接，查看两个路由器之间的主从状态。
路由器 RA：

| Interface | Grp | Pri timer Own Pre State | Master addr | Group addr |
|---|---|---|---|---|
| FastEthernet 0/0 | 10 | 120 3 — P Backup | 192.168.1.2 | 192.168.1.254 |

路由器 RB：

| Interface | Grp | Pri timer Own Pre State | Master addr | Group addr |
|---|---|---|---|---|
| FastEthernet 0/0 | 10 | 100 3 — P Master | 192.168.1.2 | 192.168.1.254 |

再次进行 ping 通与路由测试，如图 2.9 所示。

### 2.7.3　总结与分析

在上面的实验中，某一台路由器为主机（Matser）状态，则该路由器在进行工作，而另外一台处于备份状态的路由器，则为闲置状态。系统的资源没有得到合理利用，怎么解决这个问题呢？通过划分不同的组实现负载均衡可以合理分配网络流量，有效利用资源。

静态路由是通过手工配置的，当网络稍大时，显然不合时宜，浪费人力，这时可以通过让路由器动态自主地去学习其他网段的路由信息，因此需要配置动态路由协议，下面首先来学习较为简单的 RIP 动态协议。

```
C:\Documents and Settings\NBU>ping 172.16.1.3

Pinging 172.16.1.3 with 32 bytes of data:

Reply from 172.16.1.3: bytes=32 time=1ms TTL=63
Reply from 172.16.1.3: bytes=32 time=1ms TTL=63
Reply from 172.16.1.3: bytes=32 time=1ms TTL=63
Reply from 172.16.1.3: bytes=32 time=1ms TTL=63

Ping statistics for 172.16.1.3:
    Packets: Sent = 4, Received = 4, Lost = 0 (0% loss),
Approximate round trip times in milli-seconds:
    Minimum = 1ms, Maximum = 1ms, Average = 1ms

C:\Documents and Settings\NBU>tracert -d 172.16.1.3

Tracing route to 172.16.1.3 over a maximum of 30 hops

  1    <1 ms    <1 ms    <1 ms  192.168.1.2
  2     1 ms     1 ms     1 ms  172.16.1.3

Trace complete.
```

图 2.9 二次 ping 通与路由测试

# 2.8 配置 RIP 路由协议

## 2.8.1 原理简介

RIP(Routing Information Protocols,路由信息协议)是应用较早、使用较普遍的 IGP (Interior Gateway Protocol,内部网关协议),适用于小型网络,是典型的距离矢量(distance-vector)协议。

RIP 协议以跳数作为衡量路径的开销,RIP 协议规定最大跳数为 15。

RIP 协议有两个版本 RIPv1 和 RIPv2。

RIPv1 属于有类路由协议,不支持 VLSM(变长子网掩码)。RIPv1 是以广播的形式进行路由信息的更新的,更新周期为 30 秒。

RIPv2 属于无类路由协议,支持 VLSM。RIPv2 是以组播的形式进行路由信息更新的,组播地址是 224.0.0.9。RIPv2 还支持基于端口的认证,提高网络的安全性。

## 2.8.2 组网实践

假设校园网通过一台三层交换机连到校园网出口路由器,路由器再和校园网外的另一台路由器连接,现做适当配置,实现校园网内的主机和校园网外的主机相互通信。

本实验以两台路由器和一台三层交换机为例。交换机上划分有 VLAN 10 和 VLAN 50,其中 VLAN 10 用于连接 Router1(校园网出口路由器),VLAN 50 用于连接校园网主机。

路由器分别命名为 Router1 和 Router2,路由器之间通过串口线连接。网络拓扑如图 2.10 所示。

【实验设备】

三层交换机:1 台。

路由器:2 台。

V.35 线缆:1 根。

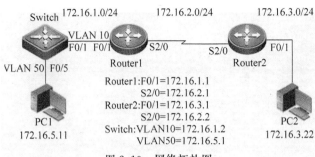

Router1:F0/1=172.16.1.1
S2/0=172.16.2.1
Router2:F0/1=172.16.3.1
S2/0=172.16.2.2
Switch:VLAN10=172.16.1.2
VLAN50=172.16.5.1

图 2.10　网络拓扑图

【实验步骤】

步骤 1：在三层交换机上创建 VLAN 并且配置 SVI。

| Switch#*configure terminal* | 进入全局模式 |
| --- | --- |
| Switch(config)#*vlan 10* | 创建 VLAN 10 |
| Switch(config-vlan)#*exit* | 退出 |
| Switch(config)#*vlan 50* | 创建 VLAN 50 |
| Switch(config-vlan)#*exit* | 退出 |
| Switch(config)#*interface fastethernet 0/1* | 进入端口配置模式 |
| Switch(config-if)#*switchport access vlan 10* | 把此端口划分到 VLAN 10 中 |
| Switch(config-if)#*exit* | 退出 |
| Switch(config)#*interface vlan 10* | 进入 VLAN 配置模式 |
| Switch(config-if)#*ip address 172.16.1.2 255.255.255.0* | 给 VLAN 10 配置 IP 地址 |
| Switch(config-if)#*no shutdown* | 启用该端口 |
| Switch(config-if)#*exit* | 退出 |
| Switch(config)#*interface fastethernet 0/5* | 进入端口配置模式 |
| Switch(config-if)#*switchport access vlan 50* | 把此端口划分到 VLAN 50 中 |
| Switch(config-if)#*exit* | 退出 |
| Switch(config)#*interface vlan 50* | 进入 VLAN 配置模式 |
| Switch(config-if)#*ip address 172.16.5.1 255.255.255.0* | 给 VLAN 50 配置 IP 地址 |
| Switch(config-if)#*no shutdown* | 启用该端口 |
| Switch(config-if)#*exit* | 退出 |
| Switch#*show vlan* | 查看 VLAN 的基本信息 |
| Switch#*show ip interface* | 查看端口的基本信息 |

显示如下：

```
VLAN Name          Status    Ports
-------------------------------------------------------------
   1 VLAN0001      STATIC    Fa0/2,Fa0/3,Fa0/4,Fa0/6
                             Fa0/7,Fa0/8,Fa0/9,Fa0/10
                             Fa0/11,Fa0/12,Fa0/13,Fa0/14
                             Fa0/15,Fa0/16,Fa0/17,Fa0/18
                             Fa0/19,Fa0/20,Fa0/21,Fa0/22
                             Fa0/23,Fa0/24,Gi0/25,Gi0/26
                             Gi0/27,Gi0/28
  10 VLAN0010      STATIC    Fa0/1
```

```
50 VLAN0050        STATIC    Fa0/5
```

端口基本信息：

```
VLAN 10
    IP interface state is: UP
    IP interface type is: BROADCAST
    IP interface MTU is: 1500
    IP address is: 172.16.1.2/24 (primary)
    IP address negotiate is: OFF
    Forward direct－broadcast is: OFF
    ICMP mask reply is: ON
    Send ICMP redirect is: ON
    Send ICMP unreachabled is: ON
    DHCP relay is: OFF
    Fast switch is: ON
    Help address is:
    Proxy ARP is: ON
VLAN 50
    IP interface state is: UP
    IP interface type is: BROADCAST
   IP interface MTU is: 1500
   IP address is: 172.16.5.1/24 (primary)
   IP address negotiate is: OFF
   Forward direct－broadcast is: OFF
   ICMP mask reply is: ON
    Send ICMP redirect is: ON
    Send ICMP unreachabled is: ON
    DHCP relay is: OFF
    Fast switch is: ON
    Help address is:
    Proxy ARP is: ON
```

步骤 2：在路由器 Router1 的各个端口上配置 IP 地址和时钟频率。

| | |
|---|---|
| Router1(config)#*interface fastethernet 0/1* | 进入端口配置模式 |
| Router1(config-if)#*ip address 172.16.1.1 255.255.255.0* | 给此端口配置 IP 地址 |
| Router(config-if)#*no shutdown* | 启用该端口 |
| Router1(config-if)#*exit* | 退出 |
| Router1(config)#*interface serial 2/0* | 进入到端口配置模式 |
| Router1(config-if)#*ip address 172.16.2.1 255.255.255.0* | 给此端口配置 IP 地址 |
| Router1(config-if)#*clock rate 64000* | 配置时钟频率 |
| Router1(config-if)#*no shutdown* | 启用该端口 |
| Router1#*show ip interface brief* | 验证路由器的接口配置和状态 |

路由器的接口配置和状态：

```
Interface              IP－Address(Pri)    OK?      Status
Serial 2/0             172.16.2.1/24       YES      UP
Serial 3/0             no address          YES      DOWN
FastEthernet 0/0       no address          YES      DOWN
FastEthernet 0/1       172.16.1.1/24       YES      UP
```

33

第 2 章

步骤 3：在路由器 Router2 的各个端口上配置 IP 地址。

| | |
|---|---|
| Router2(config)#*interface fastethernet 0/1* | 进入端口配置模式 |
| Router2(config-if)#*ip address 172.16.3.1 255.255.255.0* | 给此端口配置 IP 地址 |
| Router(config-if)#*no shutdown* | 启用该端口 |
| Router2(config-if)#*exit* | 退出 |
| Router2(config)#*interface serial 2/0* | 进入到端口配置模式 |
| Router2(config-if)#*ip address 172.16.2.2 255.255.255.0* | 给此端口配置 IP 地址 |
| Router2(config-if)#*no shutdown* | 启用该端口 |
| Router2#*show ip interface brief* | 验证路由器的接口配置和状态 |

路由器的接口配置和状态：

| Interface | IP - Address(Pri) | OK? | Status |
|---|---|---|---|
| Serial 2/0 | 172.16.2.2/24 | YES | UP |
| Serial 3/0 | no address | YES | DOWN |
| FastEthernet 0/0 | no address | YES | DOWN |
| FastEthernet 0/1 | 172.16.3.1/24 | YES | UP |

步骤 4：在交换机上配置 RIP 路由协议。

| | |
|---|---|
| Switch(config)#*router rip* | 开启 RIP 路由协议 |
| Switch(config-router)#*network 172.16.1.0* | 声明本设备的直连网络 |
| Switch(config-router)#*network 172.16.5.0* | 声明本设备的直连网络 |
| Switch(config-router)#*version 2* | 声明使用 RIPv2 版本 |

步骤 5：在 Router1 上配置 RIPv2 协议。

| | |
|---|---|
| Router1(config)#*router rip* | 开启 RIP 路由协议 |
| Router1(config-router)#*network 172.16.1.0* | 声明本设备的直连网络 |
| Router1(config-router)#*network 172.16.2.0* | 声明本设备的直连网络 |
| Router1(config-router)#*version 2* | 声明使用 RIPv2 版本 |
| Router1(config-router)#*no auto-summary* | 关闭路由信息的自动汇总功能 |

步骤 6：在 Router2 上配置 RIPv2 协议。

| | |
|---|---|
| Router2(config)#*router rip* | 开启 RIP 路由协议 |
| Router2(config-router)#*network 172.16.2.0* | 声明本设备的直连网络 |
| Router2(config-router)#*network 172.16.3.0* | 声明本设备的直连网络 |
| Router2(config-router)#*version 2* | 声明使用 RIPv2 版本 |
| Router2(config-router)#*no auto-summary* | 关闭路由信息的自动汇总功能 |

步骤 7：验证三台设备的路由表，验证是否自动学习了其他网段的路由信息。

| | |
|---|---|
| Switch#*show ip route* | 查看路由表信息 |
| Router1#*show ip route* | 查看路由表信息 |
| Router2#*show ip route* | 查看路由表信息 |

Switch 的路由表信息：

Codes: C – connected, S – static, R – RIP B – BGP
　　　O – OSPF, IA – OSPF inter area
　　　N1 – OSPF NSSA external type 1, N2 – OSPF NSSA external type 2
　　　E1 – OSPF external type 1, E2 – OSPF external type 2
　　　i – IS – IS, su – IS – IS summary, L1 – IS – IS level – 1, L2 – IS – IS level – 2
　　　ia – IS – IS inter area, * – candidate default
Gateway of last resort is no set
　　C　172.16.1.0/24 is directly connected, VLAN 10
　　C　172.16.1.2/32 is local host.
　　**R　172.16.2.0/24 [120/1] via 172.16.1.1, 00:00:15, VLAN 10**
　　**R　172.16.3.0/24 [120/2] via 172.16.1.1, 00:00:15, VLAN 10**
　　C　172.16.5.0/24 is directly connected, VLAN 50
　　C　172.16.5.1/32 is local host.

Router1 的路由表信息：

Codes: C – connected, S – static, R – RIP, B – BGP
　　　　O – OSPF, IA – OSPF inter area
　　　　N1 – OSPF NSSA external type 1, N2 – OSPF NSSA external type 2
　　　　E1 – OSPF external type 1, E2 – OSPF external type 2
　　　　i – IS – IS, su – IS – IS summary, L1 – IS – IS level – 1, L2 – IS – IS level – 2
　　　　ia – IS – IS inter area, * – candidate default
Gateway of last resort is no set
　　C　172.16.1.0/24 is directly connected, FastEthernet 0/0
　　C　172.16.1.1/32 is local host.
　　C　172.16.2.0/24 is directly connected, Serial 2/0
　　C　172.16.2.1/32 is local host.
　　**R　172.16.3.0/24 [120/1] via 172.16.2.2, 00:00:17, Serial 2/0**
　　**R　172.16.5.0/24 [120/1] via 172.16.1.2, 00:00:17, FastEthernet 0/1**

Router2 的路由表信息：

Codes: C – connected, S – static, R – RIP, B – BGP
　　　　O – OSPF, IA – OSPF inter area
　　　　N1 – OSPF NSSA external type 1, N2 – OSPF NSSA external type 2
　　　　E1 – OSPF external type 1, E2 – OSPF external type 2
　　　　i – IS – IS, su – IS – IS summary, L1 – IS – IS level – 1, L2 – IS – IS level – 2
　　　　ia – IS – IS inter area, * – candidate default
Gateway of last resort is no set
　　**R　172.16.1.0/24 [120/1] via 172.16.2.1, 00:00:23, Serial 2/0**
　　C　172.16.2.0/24 is directly connected, Serial 2/0
　　C　172.16.2.2/32 is local host.
　　C　172.16.3.0/24 is directly connected, FastEthernet 0/0
　　C　172.16.3.1/32 is local host.
　　**R　172.16.5.0/24 [120/2] via 172.16.2.1, 00:00:23, Serial 2/0**

步骤 8：测试网络的连通性。

PC1 与 PC2 可以相互 ping 通。

PC1 的 IP 地址为 172.16.5.11，子网掩码为 255.255.255.0，网关为 172.16.5.1，DNS

为可选配置项。

PC2 的 IP 地址为 172.16.3.22,子网掩码为 255.255.255.0,网关为 172.16.3.1,DNS 为可选配置项。

```
C:\> ping 172.16.3.22
C:\> ping 172.16.5.11
```

### 2.8.3　总结与分析

RIPv2 支持自动汇总(auto-summary)功能,交换机上没有 no auto-summary 命令。在串口上配置时钟频率的时候,一定要在电缆 DCE 端的路由器上配置,否则链路不通。

PC 主机网关一定要填写直连接口 IP 地址,例如 PC1 网关指向三层交换机的 VLAN 50 的 IP 地址。接下来看一下 OSPF 的原理与配置。

# 2.9　配置 OSPF 路由协议

### 2.9.1　原理简介

开放式最短路径优先(Open Shortest Path First,OSPF)协议是一个基于链路状态的动态路由协议,路由器互相发送直接相连的链路信息和它所拥有的到其他路由器的链路信息。OSPF 链路状态路由协议不同于距离矢量路由协议,OSPF 的路由器基于网络拓扑结构的完整信息来决定最佳路径。OSPF 决定最佳路径的度量值是成本(Cost),它是基于链路的速度,配合分级设计,OSPF 适用于大型网络。

OSPF 采用最短路径算法,该算法用于决定最佳的无环路径,即到达链路或网络成本最低的路径。因为 OSPF 路由器需要一个完整的网络拓扑,并且 SPF 算法比较复杂,所以需要内存更多的、更强大的路由器。

OSPF 可以采用划分区域的技术,提高网络的扩展性,加快网络收敛的速度。

在一个 OSPF 区域中只能有一个骨干区域,可以有多个非骨干区域,骨干区域的区域号为 0。骨干区域和非骨干区域的划分大大降低了区域内工作路由的负担。

OSPF 需要一个进程 ID 和一个路由器 ID。

### 2.9.2　组网实践

假设你是某公司的网络管理员,该公司的业务正处于稳步上升的状态,不久之后,可能在异地组建分公司。请你把公司的两台核心路由器的路由协议配置为 OSPF,且为主干区域,网络拓扑如图 2.11 所示。

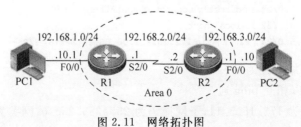

图 2.11　网络拓扑图

【实验设备】

路由器：2 台。

V.35 线缆：1 条。

PC：2 台。

【实验步骤】

步骤 1：在路由器 RSR20_01 接口上配置 IP 地址和时钟频率。

| RSR20_01 # *configure terminal* | 进入全局配置模式 |
| RSR20_01(config) # *hostname R1* | 给此设备命名 |
| R1(config) # *interface fatsethernet 0/0* | 进入端口配置模式 |
| R1(config-if) # *ip address 192.168.1.1 255.255.255.0* | 给此端口配置 IP 地址 |
| R1(config-if) # *no shutdown* | 启用此端口 |
| R1(config-if) # *exit* | 退出 |
| R1(config) # *interface serial 2/0* | 进入端口配置模式 |
| R1(config-if) # *ip address 192.168.2.1 255.255.255.0* | 给此端口配置 IP 地址 |
| R1(config-if) # *no shutdown* | 启用此端口 |
| R1(config-if) # *exit* | 退出 |

步骤 2：在路由器 RSR20_02 接口上配置 IP 地址和时钟频率。

| RSR20_02 # *configure terminal* | 进入全局配置模式 |
| RSR20_02(config) # *hostname R2* | 给此设备命名 |
| R2(config) # *interface fatsethernet 0/0* | 进入端口配置模式 |
| R2(config-if) # *ip address 192.168.3.1 255.255.255.0* | 给此端口配置 IP 地址 |
| R2(config-if) # *no shutdown* | 启用此端口 |
| R2(config-if) # *exit* | 退出 |
| R2(config) # *interface serial 2/0* | 进入端口配置模式 |
| R2(config-if) # *ip address 192.168.2.2 255.255.255.0* | 给此端口配置 IP 地址 |
| R2(config-if) # *clock rate 64000* | 配置时钟频率 |
| R2(config-if) # *no shutdown* | 启用此端口 |
| R2(config-if) # *exit* | 退出 |

步骤 3：查看 R1,R2 的接口状态。

| R1(config) # *show ip interface brief* | 查看 R1 的接口状态 |
| R2(config) # *show ip interface brief* | 查看 R2 的接口状态 |

R1 的接口基本信息：

```
Interface            IP-Address(Pri)     OK?     Status
Serial 2/0           192.168.2.1/24      YES     UP
Serial 3/0           no address          YES     DOWN
FastEthernet 0/0     192.168.1.1/24      YES     UP
FastEthernet 0/1     no address          YES     DOWN
FastEthernet 0/2     no address          YES     DOWN
```

R2 的接口基本信息：

| Interface | IP – Address(Pri) | OK? | Status |
|---|---|---|---|
| Serial 2/0 | 192.168.2.2/24 | YES | UP |
| Serial 3/0 | no address | YES | DOWN |
| FastEthernet 0/0 | 192.168.3.1/24 | YES | UP |
| FastEthernet 0/1 | no address | YES | DOWN |

步骤 4：在 R1,R2 上配置动态路由协议 OSPF。

| | |
|---|---|
| R1(config)#*router ospf 10* | 创建 OSPF 路由进程 |
| R1(config-router)#*router-id 1.1.1.1* | 创建该进程的路由器 ID |
| R1(config-router)#*network 192.168.1.0 0.0.0.255 area 0* | 发布直连网段,并定义所属区域 |
| R1(config-router)#*network 192.168.2.0 0.0.0.255 area 0* | 发布直连网段,并定义所属区域 |
| R1(config-router)#*exit* | 退出 |
| R2(config)#*router ospf 10* | 创建 OSPF 路由进程 |
| R2(config-router)#*router-id 2.2.2.2* | 创建该进程的路由器 ID |
| R2(config-router)#*network 192.168.2.0 0.0.0.255 area 0* | 发布直连网段,并定义所属区域 |
| R2(config-router)#*network 192.168.3.0 0.0.0.255 area 0* | 发布直连网段,并定义所属区域 |
| R2(config-router)#*exit* | 退出 |

步骤 5：验证两台设备的路由表,验证是否自动学习了其他网段的路由信息。

| | |
|---|---|
| R1(config)#*show ip route* | 查看路由表信息 |
| R2(config)#*show ip route* | 查看路由表信息 |

R1 的路由表信息：

```
Codes: C – connected, S – static, R – RIP, B – BGP
       O – OSPF, IA – OSPF inter area
       N1 – OSPF NSSA external type 1, N2 – OSPF NSSA external type 2
       E1 – OSPF external type 1, E2 – OSPF external type 2
       i – IS – IS, su – IS – IS summary, L1 – IS – IS level – 1, L2 – IS – IS level – 2
       ia – IS – IS inter area, * – candidate default
Gateway of last resort is no set
C      192.168.1.0/24 is directly connected, FastEthernet 0/0
C      192.168.1.1/32 is local host.
C      192.168.2.0/24 is directly connected, Serial 2/0
C      192.168.2.1/32 is local host.
O      192.168.3.0/24 [110/51] via 192.168.2.2, 00:02:37, Serial 2/0
```

R2 的路由表信息：

```
Codes: C – connected, S – static, R – RIP, B – BGP
       O – OSPF, IA – OSPF inter area
       N1 – OSPF NSSA external type 1, N2 – OSPF NSSA external type 2
       E1 – OSPF external type 1, E2 – OSPF external type 2
       i – IS – IS, su – IS – IS summary, L1 – IS – IS level – 1, L2 – IS – IS level – 2
       ia – IS – IS inter area, * – candidate default
Gateway of last resort is no set
O      192.168.1.0/24 [110/51] via 192.168.2.1, 00:05:14, Serial 2/0
C      192.168.2.0/24 is directly connected, Serial 2/0
```

```
C        192.168.2.2/32 is local host.
C        192.168.3.0/24 is directly connected,FastEthernet 0/0
C        192.168.3.2/32 is local host.
```

步骤 6：测试网络的连通性。

PC1 的 IP 地址为 192.168.1.10，子网掩码为 255.255.255.0，网关为 192.168.1.1，DNS 为可选配置项。

PC2 的 IP 地址为 192.168.3.10，子网掩码为 255.255.255.0，网关为 192.168.3.1，DNS 为可选配置项。

PC1 与 PC2 可以相互 ping 通。

### 2.9.3 分析与总结

配置时，两台路由器的进程应该一样。Router ID 也可以不用手动设置，因为设备默认会用使用最大 IP 地址的环回口地址为 RID，如果没有环回口则启用最大 IP 地址的物理口作为 Router ID。手工配置的 Router ID 命令后面的 IP 地址可以随意，不需要必须是存在的地址。以上实验能够实现公司内部与外网互相通信，但公司建立自己的门户网站后，如何把公司内网的服务器发布到外网，让外网用户方便访问内网网站呢？下一节便提出了相应的解决方法。

# 2.10 配置 NAT 实现外网主机访问内网服务器

## 2.10.1 原理简介

NAT(Network Address Translation，网络地址转换或者网络地址翻译)，是指将网络地址从一个地址空间转换为另一个地址空间的行为。

NAT 将网络划分为内部网络(Inside)和外部网络(Outside)两部分。局域网主机利用 NAT 访问网络时，是将局域网内部的本地地址转换为了全局地址(互联网合法 IP 地址)后转发数据包。

NAT 转换包括多种不同类型，并可用于多种目的。

静态 NAT：按照一一对应的方式将每个内部 IP 地址转换为一个外部 IP 地址，这种方式经常用于企业网的内部设备需要能够被外部网络访问到时。

动态 NAT：将一个内部 IP 地址转换为一组外部 IP 地址(地址池)中的一个 IP 地址。

超载(Overloading)NAT：动态 NAT 的一种实现形式，利用不同端口号将多个内部 IP 地址转换为一个外部 IP 地址，也称为 PAT(Port Address Translation，端口地址转换)、NAPT(Network Address Port Translation，网络地址端口转换)或端口复用 NAT。

## 2.10.2 组网实践

假如你是某公司的网络管理员，公司只向 ISP 申请了一个公网 IP 地址，现公司的网站在内网，要求在互联网也可以访问公司网站，请你实现。172.16.8.5 是 Web 服务器的 IP 地址(内网地址)。通过分析可知，需要将内网服务器 IP 转换成外网公网 IP，被互联网访问。网络拓扑如图 2.12 所示。

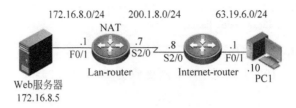

图 2.12　网络拓扑图

【实验设备】

路由器：2 台。

V.35 线缆：1 条。

PC：2 台。

【实验步骤】

步骤 1：在内网路由器 Lan-router 上的基本配置。

| | |
|---|---|
| Router(config)# *hostname Lan-router* | 命名此路由器 |
| Lan-router(config)# *interface fastethernet 0/1* | 进入端口配置模式 |
| Lan-router(config-if)# *ip address 172.16.8.1 255.255.255.0* | 给此端口配置 IP 地址 |
| Lan-router(config-if)# *no shutdown* | 启用此端口 |
| Lan-router(config-if)# *exit* | 退出 |
| Lan-router(config)# *interface serial 2/0* | 进入端口配置模式 |
| Lan-router(config-if)# *ip address 200.1.8.7 255.255.255.0* | 给此端口配置 IP 地址 |
| Lan-router(config-if)# *no shutdown* | 启用此端口 |
| Lan-router(config-if)# *exit* | 退出 |
| Lan-router(config)# *ip route 0.0.0.0 0.0.0.0 serial 2/0* | 给此端口配置静态路由 |

步骤 2：在外网路由器 Internet-router 上的基本配置。

| | |
|---|---|
| Router(config)# *hostname Internet-router* | 命名此路由器 |
| Internet-router(config)# *interface fastethernet 0/1* | 进入端口配置模式 |
| Internet-router(config-if)# *ip address 63.19.6.1 255.255.255.0* | 给此端口配置 IP 地址 |
| Internet-router(config-if)# *no shutdown* | 启用此端口 |
| Internet-router(config-if)# *exit* | 退出 |
| Internet-router(config)# *interface serial 2/0* | 进入端口配置模式 |
| Internet-router(config-if)# *ip address 200.1.8.8 255.255.255.0* | 给此端口配置 IP 地址 |
| Internet-router(config-if)# *clock rate 64000* | 配置时钟频率 |
| Internet-router(config-if)# *no shutdown* | 启用此端口 |
| Internet-router(config-if)# *exit* | 退出 |
| Internet-router(config)# *ip route 0.0.0.0 0.0.0.0 200.1.8.7* | 配置路由协议 |

步骤 3：在内网路由器 Lan-router 上配置反向 NAT 映射。

| | |
|---|---|
| Lan-router(config)#*interface fastethernet 0/1* | 进入端口配置模式 |
| Lan-router(config-if)#*ip nat inside* | 定义该端口为入口地址 |
| Lan-router(config-if)#*exit* | 退出 |
| Lan-router(config)#*interface serial 2/0* | 进入端口配置模式 |
| Lan-router(config-if)#*ip nat outside* | 定义该端口为出口地址 |
| Lan-router(config-if)#*exit* | 退出 |
| Lan-router(config)#*ip nat pool web_server 172.16.8.5 172.16.8.5 netmask 255.255.255.0* | 定义内网服务器地址池 |
| Lan-router(config)#*access-list 3 permit host 200.1.8.7* | 定义外网的公网 IP 地址 |
| Lan-router(config)#*ip nat inside destination list 3 pool web_server* | 将外网的公网 IP 地址转换为 Web 服务器的地址 |
| Lan-router(config)#*ip nat inside source static tcp 172.16.8.5 80 200.1.8.7 80* | 定义访问外网 IP 的 80 端口时转换为内网服务器 IP 的 80 端口 |

步骤 4：验证测试。

（1）在内网主机上配置 Web 服务。

（2）在 PC1 上通过 IE(Internet Explorer)浏览器访问内网的 Web 服务器。

（3）查看路由器的地址转换记录：

```
Lan-router(config)#show ip nat translations
Pro Inside global      Inside local      Outside local      Outside global
Tcp 200.1.8.7:80       172.16.8.5:80     63.19.6.10:80      63.19.6.10:1026
```

## 2.10.3 分析与总结

将内部地址发布到公网上，使用的是静态 NAT，将内部地址与出口(外部)地址进行绑定，实现一对一的转换。当然，如果考虑安全仅限于发布 Web 服务，其他则不，可以绑定更细化，精确至某个端口，例如 80 端口，这时，如果外网需要访问内网 FTP 服务器，有两个方案，其一是再绑定 20 与 21 端口，其二是直接绑定 IP 即可(开放了所有服务端口)。

# 2.11 配置 PPP PAP 认证

## 2.11.1 原理简介

PPP 协议位于 OSI 七层模型的数据链路层，PPP 协议按照功能划分为两个子层：LCP (Link Control Protocol，链路控制协议)、NCP(Network Control Protocol，网络控制协议)。LCP 主要负责链路的协商、建立、回拨、认证、数据的压缩、多链路捆绑等功能。NCP 主要负责和上层的协议进行协商，为网络层协议提供服务。

PPP 认证的功能是指在建立 PPP 链路的过程中进行密码的验证，验证通过建立连接，验证不通过拆除链路。

PPP 协议支持两种不同认证方式 PAP(Password Authentication Protocol，密码验证协

议)和 CHAP(Challenge Handshake Authentication Protocol,挑战握手认证协议)。PAP 是指验证双方通过两次握手完成验证过程,它是一种用于对试图登录到点对点协议服务器上的用户进行身份验证的方法。由被验证方主动发出验证请求,包含了验证的用户名和密码。由验证方验证后作出回复,通过验证或验证失败。在验证过程中用户名和密码以明文的方式在链路上传输。

## 2.11.2 组网实践

假如你是公司的网络管理员,公司为了满足不断增长的业务需求,申请了专线接入,你的客户端路由器与 ISP 进行链路协商时需要验证身份,配置路由器保证链路的建立,并考虑其安全性。通过分析可知,在链路协商时进行安全验证,包括用户名与密码。网络拓扑如图 2.13 所示。

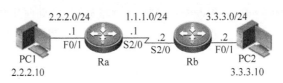

图 2.13 网络拓扑图

【实验设备】

路由器:2 台。

V.35 线缆:1 条。

【实验步骤】

步骤 1:在路由器接口上配置 IP 地址和时钟频率。

| RSR20_01(config)#hostname Ra | 给此设备命名 |
| --- | --- |
| Ra(config)#interface fastethernet 0/1 | 进入端口 1 端口配置模式 |
| Ra(config-if)#ip address 2.2.2.1 255.255.255.0 | 给此端口配置 IP 地址 |
| Ra(config-if)#no shutdown | 启用此端口 |
| Ra(config-if)#exit | 退出 |
| Ra(config)#interface serial 2/0 | 进入到 2 串口 |
| Ra(config-if)#ip address 1.1.1.1 255.255.255.0 | 给此端口配置 IP 地址 |
| Ra(config-if)#no shutdown | 启用此端口 |
| Ra(config-if)#exit | 退出 |
| RSR20_02(config)#hostname Rb | 给此设备命名 |
| Rb(config)#interface serial 2/0 | 进入到 2 串口 |
| Rb(config-if)#ip address 1.1.1.2 255.255.255.0 | 给此端口配置 IP 地址 |
| Rb(config-if)#clock rate 64000 | 配置时钟频率 |
| Rb(config-if)#no shutdown | 启用此端口 |
| Rb(config-if)#exit | 退出 |
| Rb(config)#interface fastethernet 0/1 | 进入端口 1 端口配置模式 |
| Rb(config-if)#ip address 3.3.3.2 255.255.255.0 | 给此端口配置 IP 地址 |
| Rb(config-if)#no shutdown | 启用此端口 |
| Rb(config-if)#exit | 退出 |

查看串口配置信息：

```
Ra(config)#show interface serial 2/0
        Index(dec):1 (hex):1
        Serial 2/0 is UP,line protocol is UP
        Hardware is SIC-1HS HDLC CONTROLLER Serial
        Interface address is: 1.1.1.1/24
        MTU 1500 bytes,BW 2000 Kbit
        Encapsulation protocol is HDLC,loopback not set
        Keepalive interval is 10 sec,set
        Carrier delay is 2 sec
        RXload is 1,Txload is 1
        Queueing strategy: FIFO
        Output queue 0/40,0 drops;
        nput queue 0/75,0 drops
        1 carrier transitions
        V35 DTE cable
        DCD=up  DSR=up  DTR=up  RTS=up  CTS=up
        5 minutes input rate 17 bits/sec,0 packets/sec
        5 minutes output rate 17 bits/sec,0 packets/sec
        371 packets input,8162 bytes,0 no buffer,0 dropped
        Received 371 broadcasts,0 runts,0 giants
        0 input errors,0 CRC,0 frame,0 overrun,0 abort
            371 packets output,8162 bytes,0 underruns,0 dropped
            0 output errors,0 collisions,1 interface resets
```

步骤 2：在路由器 Ra 与 Rb 上配置静态路由。

| | |
|---|---|
| Ra(config)#*ip route 3.3.3.0 255.255.255.0 1.1.1.2* | 配置 Ra 上的静态路由 |
| Rb(config)#*ip route 2.2.2.0 255.255.255.0 1.1.1.1* | 配置 Rb 上的静态路由 |

步骤 3：在路由器上配置 PPP 和 PAP 认证(Ra 为被认证方,Rb 为认证方)。

| | |
|---|---|
| Ra(config)#*interface serial 2/0* | 进入串口 2 |
| Ra(config-if)#*encapsulation ppp* | 接口下配置 PPP 协议 |
| Ra(config-if)#*ppp pap sent-username Ra password 0 star* | PAP 认证的用户名和密码 |
| Rb(config)#*username Ra password 0 star* | 验证方配置被验证方的用户名和密码 |
| Rb(config)#*interface serial 2/0* | 进入到串口 2 |
| Rb(config-if)#*encapsulation ppp* | 接口下配置 PPP 协议 |
| Rb(config-if)#*ppp authentication pap* | PPP 启用 PAP 认证方式 |

步骤 4：验证测试。

PC1 的 IP 地址为 2.2.2.10,子网掩码为 255.255.255.0,网关为 2.2.2.1,DNS 为可选配置项。

PC2 的 IP 地址为 3.3.3.10,子网掩码为 255.255.255.0,网关为 3.3.3.2,DNS 为可选配置项。

此时,PC1 与 PC2 可以相互 ping 通；将验证方的用户名、密码删除即在 Rb 的全局模式下输入：***no username Ra***，进入串口 2：***no encapsulation***。此时 Rb 会弹出：Line protocol on Interface Serial 2/0，changed state to down，这时，Reply from 2.2.2.10：Destination net unreachable，PC1 与 PC2 之间的通信被阻断。接着，再次在 Rb 上进行正确配置，PC1 与 PC2 恢复正常通信。

### 2.11.3　分析与总结

　　配置时，路由器 Ra 与 Rb 验证的用户名与密码一定要相同，其中，0 是密码的模式，此处为不加密。在验证用户名与密码时，一定同时要将串口 2 的 PPP 协议清出，否则，链路已经连接的情况下，删除用户与密码对当前链路没有影响。登录验证是确保建立正确的连接，但是，当连接建立后，怎么根据用户的个人需求来制定相应的安全规则，对网络用户进行无间断保护呢？下一节便提出了相应的解决方法。

# 2.12　配置标准 IP ACL

### 2.12.1　原理简介

　　标准 IP ACL 可以对数据包的原 IP 地址进行检查。当应用了 ACL（Access Control List，访问控制链表）的接口接收或者发送数据包时，将根据配置的 ACL 规则对数据包进行检查，并采取相应的措施，允许通过或拒绝通过，从而达到访问控制的目的，提高网络安全性。

### 2.12.2　组网实践

　　某公司网络中，行政部、销售部和财务部分别属于不同的三个子网，三个子网之间使用路由器互联。行政部所在的子网为 172.16.1.0/24，销售部所在的子网为 172.16.2.0/24，财务部所在的子网为 172.16.4.0/24。考虑到信息安全的问题，要求销售部不能对财务部进行访问，但是行政部可以对财务部进行访问。通过分析，标准 IP ACL 可以根据配置的规则对网络中的数据进行过滤。网络拓扑如图 2.14 所示。

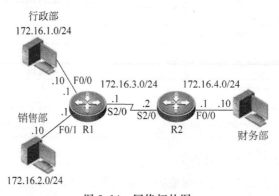

图 2.14　网络拓扑图

【实验设备】

路由器：2 台。

PC：3 台。

V.35 线缆：1 条。

**【实验步骤】**

步骤 1：路由器 R1 上的基本配置信息。

| R1#*configure terminal* | 进入全局配置模式 |
|---|---|
| R1(config)#*interface fatsethernet 0/0* | 进入端口配置模式 |
| R1(config-if)#*ip address 172.16.1.1 255.255.255.0* | 给此端口配置 IP 地址 |
| R1(config-if)#*no shutdown* | 启用此端口 |
| R1(config-if)#*exit* | 退出 |
| R1(config)#*interface fatsethernet 0/1* | 进入端口配置模式 |
| R1(config-if)#*ip address 172.16.2.1 255.255.255.0* | 给此端口配置 IP 地址 |
| R1(config-if)#*no shutdown* | 启用此端口 |
| R1(config-if)#*exit* | 退出 |
| R1(config)#*interface serial 2/0* | 进入端口配置模式 |
| R1(config-if)#*ip address 172.16.3.1 255.255.255.0* | 给此端口配置 IP 地址 |
| R1(config-if)#*exit* | 退出 |

步骤 2：路由器 R2 上的基本配置信息。

| R2#*configure terminal* | 进入全局配置模式 |
|---|---|
| R2(config)#*interface fatsethernet 0/0* | 进入端口配置模式 |
| R2(config-if)#*ip address 172.16.4.1 255.255.255.0* | 给此端口配置 IP 地址 |
| R2(config-if)#*no shutdown* | 启用此端口 |
| R2(config-if)#*exit* | 退出 |
| R2(config)#*interface serial 2/0* | 进入端口配置模式 |
| R2(config-if)#*ip address 172.16.3.2 255.255.255.0* | 给此端口配置 IP 地址 |
| R2(config-if)#*clock rate 64000* | 配置时钟频率 |
| R2(config-if)#*no shutdown* | 启用此端口 |
| R2(config-if)#*exit* | 退出 |

步骤 3：查看 R1,R2 的接口状态。

| R1#*show ip interface brief* | 查看 R1 的接口状态 |
|---|---|
| R2#*show ip interface brief* | 查看 R2 的接口状态 |

R1 的接口基本信息：

```
Interface          IP-Address(Pri)    OK?      Status
Serial 2/0         172.16.3.1/24      YES      UP
Serial 3/0         no address         YES      DOWN
FastEthernet 0/0   172.16.1.1/24      YES      UP
FastEthernet 0/1   172.16.2.1/24      YES      UP
```

R2 的接口基本信息：

```
Interface          IP-Address(Pri)    OK?      Status
Serial 2/0         172.16.3.2/24      YES      UP
Serial 3/0         no address         YES      DOWN
```

```
FastEthernet 0/0        172.16.4.1/24        YES        UP
FastEthernet 0/1        no address           YES        DOWN
```

步骤 4：在 R1,R2 上配置静态路由。

| R1(config)#*ip route 172.16.4.0 255.255.255.0 serial2/0* | 在 R1 上配置静态路由 |
| R2(config)#*ip route 172.16.1.0 255.255.255.0 serial2/0* | 在 R2 上配置静态路由 |
| R2(config)#*ip route 172.16.2.0 255.255.255.0 serial2/0* | 在 R2 上配置静态路由 |

步骤 5：配置标准 IP ACL。

| R2(config)#*access-list 1 deny    172.16.2.0    0.0.0.255* | 拒绝来自销售部子网流量通过 |
| R2(config)#*access-list 1 permit 172.16.1.0    0.0.0.255* | 允许来自行政部子网流量通过 |

步骤 6：应用 ACL。

| R2(config)#*interface fastethernet 0/0* | 进入端口 0 |
| R2(config)#*ip access-group 1 out* | 应用 ACL 1 |

步骤 7：验证测试。

在行政部的主机可以 ping 通财务部主机,在销售部的主机 ping 不通财务部。

行政部主机 IP 为 172.16.1.10,子网掩码为 255.255.255.0,网关为 172.16.1.1,DNS 为可选配置项。

销售部主机 IP 为 172.16.2.10,子网掩码为 255.255.255.0,网关为 172.16.2.1,DNS 为可选配置项。

财务部主机 IP 为 172.16.4.10,子网掩码为 255.255.255.0,网关为 172.16.4.1,DNS 为可选配置项。

## 2.12.3  总结与分析

在部署标准 ACL 的时候,需要将其放在距离目标近的位置,否则可能会阻断正常的通信。接下来,在第 3 章我们将利用上述实验,进行多元组合,层次清晰地逐步组建一个中小企业的园区网络。

# 第3章 园区网络

本章针对具体的园区网络建设实例,层次化地规划设计网络。逐层分解,进行需求分析,并提出对应的解决方案;再以第2章所述各种组网技术为基础,进行有机组合,逐步实现功能。将现实背景进行专业术语解读,投影具体知识模块,联系实践技术,实现现实、理论、实践的三维一体。通过这种点对点、渐进式的学习,理解和掌握组建小型园区网络及其延伸。

## 3.1 背景概述

某企业计划建设自己的企业园区网络,希望通过这个新建的网络提供一个安全、可靠、可扩展、高效的网络环境,将两个办公地点连接到一起,使企业内能够方便快捷地实现网络资源共享、全网接入 Internet 等目标,同时实现公司内部的信息保密隔离,以及对于公网的安全访问。为了确保这些关键应用系统的正常运行、安全发展,网络必须具备以下特性:

(1) 采用先进的网络通信技术完成企业内部网络的建设,连接两个相距较远的办公地点。

(2) 为了提高数据的传输效率,在整个企业网络内控制广播域的范围。

(3) 在整个企业集团内实现资源共享,并保证骨干网络的高可靠性。

(4) 企业内部网络中实现高效的路由选择。

(5) 在企业网络出口对数据流量进行一定的控制。

(6) 能够使用较少的公网 IP 接入 Internet。

该企业的具体环境如下:

(1) 企业具有两个办公地点,且相距较远。

(2) A 办公地点具有的部门较多,例如业务部、财务部、综合部等,为主要的办公场所,因此这部分的交换网络对可用性和可靠性要求较高。

(3) B 办公地点只有较少的办公人员,但是 Internet 的接入点在这里。

(4) 公司已经申请到了若干公网 IP 地址,供企业接入使用。

(5) 公司内部使用私网地址。

项目任务如图 3.1 所示,实际建设时需要确定更详细的信息,端口如何分配、IP 地址如何划分等。

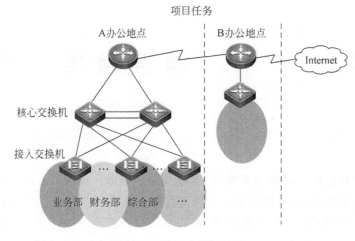

图 3.1　项目总体概况图

# 3.2　需求分析

需求 1：在接入层采用二层交换机，并且要采取一定方式分离广播域。

分析 1：在接入层交换机上划分 VLAN 可以实现对广播域的分离。

划分业务部 VLAN 10、财务部 VLAN 20、综合部 VLAN 30，并分配接口。

需求 2：核心交换机采用高性能的三层交换机，且采用双核心互为备份的形式，接入层交换机分别通过 2 条上行链路连接到 2 台核心交换机，由三层交换机实现 VLAN 之间的路由。

分析 2：交换机之间的链路配置为 Trunk 链路。

三层交换机上采用 SVI(Switch Virtual Interface)方式实现 VLAN 之间的路由。

需求 3：2 台核心交换机之间也采用双链路连接，并提高核心交换机之间的链路带宽。

分析 3：在 2 台三层交换机之间采用端口聚合技术，以提高带宽。

需求 4：在接入交换机的 Access 端口上实现对允许的连接数量的控制，以提高网络的安全性。

分析 4：采用端口安全的方式实现。

需求 5：为了提高网络的可靠性，整个网络中存在大量环路，要避免环路可能造成的广播风暴等。

分析 5：整个交换网络内实现 RSTP(Rapid Spanning Tree Protocol，快速生成树协议)，以避免环路带来的影响。

需求 6：三层交换机配置路由接口，与 Ra、Rb 之间实现全网互通。

分析 6：2 台三层交换机上配置路由接口，在 Ra 和 Rb 上分别配置接口 IP 地址。在三层交换机的路由接口和 Ra 以及 Rb 的内部网络上启用 RIP 路由协议，实现全网互通。

需求 7：Ra 和 B 办公地点的路由器 Rb 之间通过广域网链路连接，并提供一定的安全性。

分析 7：Ra 和 Rb 的广域网接口上配置 PPP(点到点)协议，并用 PAP 认证提高安全性。

需求 8：Rb 配置静态路由连接到 Internet。

分析 8：2 台三层交换机上配置默认路由,指向 Ra。

Ra 上配置默认路由指向 Rb。

Rb 上配置默认路由指向连接到互联网的下一跳地址。

需求 9：在 Rb 上用少量的公网 IP 地址实现企业内网到互联网的访问。

分析 9：用 NAT(网络地址转换)方式实现企业内网仅用少量的公网 IP 地址到互联网的访问。

需求 10：在 Rb 上对内网到外网的访问进行一定的控制,要求财务部不允许访问互联网,业务部只允许访问 WWW 和 FTP 服务,而综合部只能访问 WWW 服务,其余访问不受控制。

分析 10：通过 ACL(访问控制列表)实现。

综上所述,在本实验中需要以下预备知识：交换机转发原理、交换机基本原理、VLAN 工作原理、VLAN 配置、Trunk 的配置、三层交换机的基本原理、SVI 方式的配置、聚合端口的工作原理和配置、端口安全的工作原理和配置、STP 的工作原理、RSTP 的配置、路由器的工作原理、静态路由和动态路由的概念、静态路由的配置、RIP 的工作原理和配置、PPP 的概念和配置、NAT 的工作原理和配置、基于 IP 的访问控制列表的工作原理和配置、标准和扩展 IP ACL 的配置。

# 3.3  网 络 实 践

网络拓扑如图 3.2 所示。

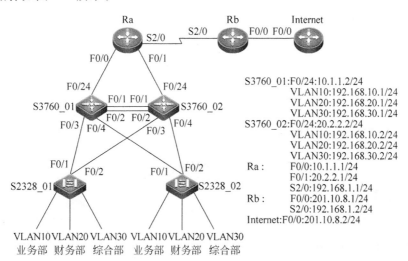

图 3.2  网络拓扑图

【实验设备】

路由器：3 台。

三层交换机：2 台。

两层交换机：2 台。

PC：3 台。

V.35 线缆：1 条。

**【实验流程】**

实验流程如图 3.3 所示。

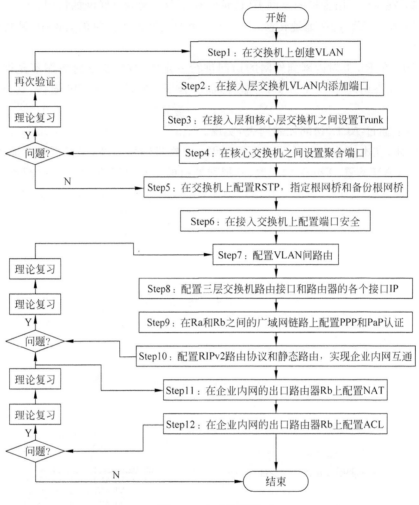

图 3.3　实验流程图

**【实验步骤】**

步骤 1：在 4 台交换机上创建 VLAN 10/20/30，分别命名为 yewubu、caiwubu、zonghebu。

| | |
|---|---|
| S2328G_01(config)# **vlan 10** | 创建 VLAN 10 |
| S2328G_01(config-vlan)# **name yewubu** | VLAN 10 命名 |
| S2328G_01(config-vlan)# **vlan 20** | 创建 VLAN 20 |
| S2328G_01(config-vlan)# **name caiwubu** | VLAN 20 命名 |
| S2328G_01(config-vlan)# **vlan 30** | 创建 VLAN 30 |
| S2328G_01(config-vlan)# **name zonghebu** | VLAN 30 命名 |
| S2328G_02(config)# **vlan 10** | 创建 VLAN 10 |
| S2328G_02(config-vlan)# **name yewubu** | VLAN 10 命名 |

| | |
|---|---|
| S2328G_02(config-vlan)#*vlan 20* | 创建 VLAN 20 |
| S2328G_02(config-vlan)#*name caiwubu* | VLAN 20 命名 |
| S2328G_02(config-vlan)#*vlan 30* | 创建 VLAN 30 |
| S2328G_02(config-vlan)#*name zonghebu* | VLAN 30 命名 |
| S3760_01(config)#*vlan 10* | 创建 VLAN 10 |
| S3760_01(config-vlan)#*name yewubu* | VLAN 10 命名 |
| S3760_01(config-vlan)#*vlan 20* | 创建 VLAN 20 |
| S3760_01(config-vlan)#*name caiwubu* | VLAN 20 命名 |
| S3760_01(config-vlan)#*vlan 30* | 创建 VLAN 30 |
| S3760_01(config-vlan)#*name zonghebu* | VLAN 30 命名 |
| S3760_02(config)#*vlan 10* | 创建 VLAN 10 |
| S3760_02(config-vlan)#*name yewubu* | VLAN 10 命名 |
| S3760_02(config-vlan)#*vlan 20* | 创建 VLAN 20 |
| S3760_02(config-vlan)#*name caiwubu* | VLAN 20 命名 |
| S3760_02(config-vlan)#*vlan 30* | 创建 VLAN 30 |
| S3760_02(config-vlan)#*name zonghebu* | VLAN 30 命名 |

步骤 2：在交换机 S2328G_01、S2328G_02 上分别将 6～10 端口、11～15 端口、16～20 端口划分到 VLAN 10/20/30 中。

| | |
|---|---|
| S2328G_01(config)#*interface range fastethernet 0/6-10* | 进入端口 6～10 |
| S2328G_01(config-if-range)#*switchport mode access* | 设置成 access 模式 |
| S2328G_01(config-if-range)#*switchport access vlan 10* | 把此段端口划分到 VLAN 10 |
| S2328G_01(config-if-range)#*exit* | 退出 |
| S2328G_01(config)#*interface range fastethernet 0/11-15* | 进入端口 11～15 |
| S2328G_01(config-if-range)#*switchport mode access* | 设置成 access 模式 |
| S2328G_01(config-if-range)#*switchport access vlan 20* | 把此段端口划分到 VLAN 20 |
| S2328G_01(config-if-range)#*exit* | 退出 |
| S2328G_01(config)#*interface range fastethernet 0/16-20* | 进入端口 16～20 |
| S2328G_01(config-if-range)#*switchport mode access* | 设置成 access 模式 |
| S2328G_01(config-if-range)#*switchport access vlan 30* | 把此段端口划分到 VLAN 30 |
| S2328G_01(config-if-range)#*exit* | 退出 |
| S2328G_02(config)#*interface range fastethernet 0/6-10* | 进入端口 6～10 |
| S2328G_02(config-if-range)#*switchport mode access* | 设置成 access 模式 |
| S2328G_02(config-if-range)#*switchport access vlan 10* | 把此段端口划分到 VLAN 10 |
| S2328G_02(config-if-range)#*exit* | 退出 |
| S2328G_02(config)#*interface range fastethernet 0/11-15* | 进入端口 11～15 |
| S2328G_02(config-if-range)#*switchport mode access* | 设置成 access 模式 |
| S2328G_02(config-if-range)#*switchport access vlan 20* | 把此段端口划分到 VLAN 20 |
| S2328G_02(config-if-range)#*exit* | 退出 |
| S2328G_02(config)#*interface range fastethernet 0/16-20* | 进入端口 16～20 |
| S2328G_02(config-if-range)#*switchport mode access* | 设置成 access 模式 |
| S2328G_02(config-if-range)#*switchport access vlan 30* | 把此段端口划分到 VLAN 30 |
| S2328G_02(config-if-range)#*exit* | 退出 |

步骤 3：把 S2328G_01 与 S2328G_02 上连 S3760_01 与 S3760_02 的端口设置为 Trunk 模式。

| | |
|---|---|
| S2328G_01(config)# *interface range fastEthernet 0/1-2* | 进入端口 1～2 |
| S2328G_01(config-if-range)# *switchport mode trunk* | 把端口设置成 Trunk 模式 |
| S2328G_01(config-if-range)# *exit* | 退出 |
| S2328G_02(config)# *interface range fastEthernet 0/1-2* | 进入端口 1～2 |
| S2328G_02(config-if-range)# *switchport mode trunk* | 把端口设置成 Trunk 模式 |
| S2328G_02(config-if-range)# *exit* | 退出 |
| S3760_01(config)# *interface range fastEthernet 0/3-4* | 进入端口 3～4 |
| S3760_01(config-if-range)# *switchport mode trunk* | 把端口设置成 Trunk 模式 |
| S3760_01(config-if-range)# *exit* | 退出 |
| S3760_02(config)# *interface range fastEthernet 0/3-4* | 进入端口 3～4 |
| S3760_02(config-if-range)# *switchport mode trunk* | 把端口设置成 Trunk 模式 |
| S3760_02(config-if-range)# *exit* | 退出 |

步骤 4：将两台三层交换机之间的 f0/1 和 f0/2 端口配置为聚合端口。

| | |
|---|---|
| S3760_01(config)# *interface range fastethernet 0/1-2* | 进入端口 1～2 |
| S3760_01(config-if-range)# *port-group 1* | 把这两端口配置为聚合端口 |
| S3760_01(config-if-range)# *exit* | 退出 |
| S3760_01(config)# *interface aggregateport 1* | 进入到聚合端口 |
| S3760_01(config-if)# *switchport mode trunk* | 把端口设置成 Trunk 模式 |
| S3760_01(config-if)# *exit* | 退出 |
| S3760_02(config)# *interface range fastethernet 0/1-2* | 进入端口 1～2 |
| S3760_02(config-if-range)# *port-group 1* | 把这两端口配置为聚合端口 |
| S3760_02(config-if-range)# *exit* | 退出 |
| S3760_02(config)# *interface aggregateport 1* | 进入到聚合端口 |
| S3760_02(config-if)# *switchport mode trunk* | 把端口设置成 Trunk 模式 |
| S3760_02(config-if)# *exit* | 退出 |

查看配置后的端口和 VLAN 的基本情况：

```
S3760_01# show aggregateport 1 summary
AggregatePort MaxPorts SwitchPort Mode    Ports
------------------------------------------------------------------------------
Ag1      8        Enabled    TRUNK  Fa0/1 ,Fa0/2
S3760_02# show aggregateport 1 summary
AggregatePort MaxPorts SwitchPort Mode    Ports
------------------------------------------------------------------------------
Ag1      8        Enabled    TRUNK  Fa0/1 ,Fa0/2
S2328G_01(config)# show vlan
VLAN Name                  Status    Ports
------------------------------------------------------------------------------
```

| | | | |
|---|---|---|---|
| 1 VLAN0001 | STATIC | Fa0/1, Fa0/2, Fa0/3, a0/4 | |
| | | Fa0/5, Fa0/21, Fa0/22, Fa0/23 | |
| | | Fa0/24, Gi0/25, Gi0/26 | |
| 10 yewubu | STATIC | Fa0/1, Fa0/2, Fa0/6, Fa0/7 | |
| | | Fa0/8, Fa0/9, Fa0/10 | |
| 20 caiwubu | STATIC | Fa0/1, Fa0/2, Fa0/11, Fa0/12 | |
| | | Fa0/13, Fa0/14, Fa0/15 | |
| 30 zonghebu | STATIC | Fa0/1, Fa0/2, Fa0/16, Fa0/17 | |
| | | Fa0/18, Fa0/19, Fa0/20 | |

S2328G_02(config) # *show vlan*

| VLAN Name | Status | Ports | |
|---|---|---|---|
| 1 VLAN0001 | STATIC | Fa0/1, Fa0/2, Fa0/3, Fa0/4 | |
| | | Fa0/5, Fa0/21, Fa0/22, Fa0/23 | |
| | | Fa0/24, Gi0/25, Gi0/26 | |
| 10 yewubu | STATIC | Fa0/1, Fa0/2, Fa0/6, Fa0/7 | |
| | | Fa0/8, Fa0/9, Fa0/10 | |
| 20 caiwubu | STATIC | Fa0/1, Fa0/2, Fa0/11, Fa0/12 | |
| | | Fa0/13, Fa0/14, Fa0/15 | |
| 30 zonghebu | STATIC | Fa0/1, Fa0/2, Fa0/16, Fa0/17 | |
| | | Fa0/18, Fa0/19, Fa0/20 | |

S3760_01(config) # *show vlan*

| VLAN Name | Status | Ports | |
|---|---|---|---|
| 1 VLAN0001 | STATIC | Fa0/3, Fa0/4, Fa0/5, Fa0/6 | |
| | | Fa0/7, Fa0/8, Fa0/9, Fa0/10 | |
| | | Fa0/11, Fa0/12, Fa0/13, Fa0/14 | |
| | | Fa0/15, Fa0/16, Fa0/17, Fa0/18 | |
| | | Fa0/19, Fa0/20, Fa0/21, Fa0/22 | |
| | | Fa0/23, Fa0/24, Gi0/25, Gi0/26 | |
| | | Gi0/27, Gi0/28, Ag1 | |
| 10 yewubu | STATIC | Fa0/3, Fa0/4, Ag1 | |
| 20 caiwubu | STATIC | Fa0/3, Fa0/4, Ag1 | |
| 30 zonghebu | STATIC | Fa0/3, Fa0/4, Ag1 | |

S3760_02(config) # *show vlan*

| VLAN Name | Status | Ports | |
|---|---|---|---|
| 1 VLAN0001 | STATIC | Fa0/3, Fa0/4, Fa0/5, Fa0/6 | |
| | | Fa0/7, Fa0/8, Fa0/9, Fa0/10 | |
| | | Fa0/11, Fa0/12, Fa0/13, Fa0/14 | |
| | | Fa0/15, Fa0/16, Fa0/17, Fa0/18 | |
| | | Fa0/19, Fa0/20, Fa0/21, Fa0/22 | |
| | | Fa0/23, Fa0/24, Gi0/25, Gi0/26 | |
| | | Gi0/27, Gi0/28, Ag1 | |
| 10 yewubu | STATIC | Fa0/3, Fa0/4, Ag1 | |
| 20 caiwubu | STATIC | Fa0/3, Fa0/4, Ag1 | |
| 30 zonghebu | STATIC | Fa0/3, Fa0/4, Ag1 | |

步骤 5：在 4 台交换机上配置 RSTP，指定 S3760_01 和 S3760_02 分别为根网桥和备份根网桥。

| | |
|---|---|
| S2328G_01(config)#*spanning-tree* | 启用生成树协议 |
| S2328G_01(config)#*spanning-tree mode rstp* | 配置生成树协议为 RSTP |
| S2328G_02(config)#*spanning-tree* | 启用生成树协议 |
| S2328G_02(config)#*spanning-tree mode rstp* | 配置生成树协议为 RSTP |
| S3760_01(config)#*spanning-tree* | 启用生成树协议 |
| S3760_01(config)#*spanning-tree mode rstp* | 配置生成树协议为 RSTP |
| S3760_01(config)#*spanning-tree priority 8192* | 配置优先级为 8192 |
| S3760_02(config)#*spanning-tree* | 启用生成树协议 |
| S3760_02(config)#*spanning-tree mode rstp* | 配置生成树协议为 RSTP |
| S3760_02(config)#*spanning-tree priority 16384* | 配置优先级为 16384 |

查看交换机上的生成树选举结果：

```
2328G_01(config)# show spanning-tree
        StpVersion: RSTP
        SysStpStatus: ENABLED
        MaxAge: 20
        HelloTime: 2
        ForwardDelay: 15
        BridgeMaxAge: 20
        BridgeHelloTime: 2
        BridgeForwardDelay: 15
        MaxHops: 20
        TxHoldCount: 3
        PathCostMethod: Long
        BPDUGuard: Disabled
        BPDUFilter: Disabled
        BridgeAddr: 001a.a90a.451c
        Priority: 32768
        TimeSinceTopologyChange: 0d:0h:0m:34s
        TopologyChanges: 3
        DesignatedRoot: 2000.001a.a90a.ba72
        RootCost: 200000
        RootPort: 1
S2328G_02(config)# show spanning-tree
        StpVersion: RSTP
        SysStpStatus: ENABLED
        MaxAge: 20
        HelloTime: 2
        ForwardDelay: 15
        BridgeMaxAge: 20
        BridgeHelloTime: 2
        BridgeForwardDelay: 15
        MaxHops: 20
        TxHoldCount: 3
        PathCostMethod: Long
        BPDUGuard: Disabled
        BPDUFilter: Disabled
        BridgeAddr: 001a.a90a.d290
```

```
            Priority: 32768
            TimeSinceTopologyChange: 0d:0h:0m:57s
            TopologyChanges: 2
            DesignatedRoot: 2000.001a.a90a.ba72
            RootCost: 200000
            RootPort: 1
    S3760_01(config)# show spanning-tree
            StpVersion: RSTP
            SysStpStatus: ENABLED
            MaxAge: 20
            HelloTime: 2
            ForwardDelay: 15
            BridgeMaxAge: 20
            BridgeHelloTime: 2
            BridgeForwardDelay: 15
            MaxHops: 20
            TxHoldCount: 3
            PathCostMethod: Long
            BPDUGuard: Disabled
            BPDUFilter: Disabled
            BridgeAddr: 001a.a90a.ba72
            Priority: 8192
            TimeSinceTopologyChange: 0d:0h:0m:49s
            TopologyChanges: 4
            DesignatedRoot: 2000.001a.a90a.ba72
            RootCost: 0
            RootPort: 0
    S3760_02(config)# show spanning-tree
            StpVersion: RSTP
            SysStpStatus: ENABLED
            MaxAge: 20
            HelloTime: 2
            ForwardDelay: 15
            BridgeMaxAge: 20
            BridgeHelloTime: 2
            BridgeForwardDelay: 15
            MaxHops: 20
            TxHoldCount: 3
            PathCostMethod: Long
            BPDUGuard: Disabled
            BPDUFilter: Disabled
            BridgeAddr: 001a.a90a.c632
            Priority: 16384
            TimeSinceTopologyChange: 0d:0h:0m:56s
            TopologyChanges: 3
            DesignatedRoot: 2000.001a.a90a.ba72
            RootCost: 190000
            RootPort: 29
```

步骤 6：在接入交换机的 access 链路上实现端口安全，最大连接数量为 4 个，当违例产生时，将关闭端口并发送一个 Trap 通知。

| | |
|---|---|
| S2328G_01(config)#*interface range fastethernet 0/6-20* | 进入端口 6～20 |
| S2328G_01(config-if-range)#*switchport mode access* | 配置成 access 模式 |
| S2328G_01(config-if-range)#*switchport port-security* | 配置端口为安全模式 |
| S2328G_01(config-if-range)#*switchport port-security maximum 4* | 配置最大连接数 |
| S2328G_01(config-if-range)#*switchport port-security violation shutdown* | 配置违例产生处理规则 |
| S2328G_02(config)#*interface range fastethernet 0/6-20* | 进入端口 6～20 |
| S2328G_02(config-if-range)#*switchport mode access* | 配置成 access 模式 |
| S2328G_02(config-if-range)#*switchport port-security* | 配置端口为安全模式 |
| S2328G_02(config-if-range)#*switchport port-security maximum 4* | 配置最大连接数 |
| S2328G_02(config-if-range)#*switchport port-security violation shutdown* | 配置违例产生处理规则 |

步骤 7：在三层交换机上配置 SVI 实现 VLAN 间的路由。

| | |
|---|---|
| S3760_01(config)#*interface vlan 10* | 进入到 VLAN 10 中 |
| S3760_01(config-if)#*ip address 192.168.10.1 255.255.255.0* | 配置 SVI IP 地址 |
| S3760_01(config-if)#*no shutdown* | 激活该端口 |
| S3760_01(config-if)#*exit* | 退出 |
| S3760_01(config)#*interface vlan 20* | 进入到 VLAN 20 中 |
| S3760_01(config-if)#*ip address 192.168.20.1 255.255.255.0* | 配置 SVI IP 地址 |
| S3760_01(config-if)#*no shutdown* | 激活该端口 |
| S3760_01(config-if)#*exit* | 退出 |
| S3760_01(config)#*interface vlan 30* | 进入到 VLAN 30 中 |
| S3760_01(config-if)#*ip address 192.168.30.1 255.255.255.0* | 配置 SVI IP 地址 |
| S3760_01(config-if)#*no shutdown* | 激活该端口 |
| S3760_01(config-if)#*exit* | 退出 |
| S3760_02(config)#*interface vlan 10* | 进入到 VLAN 10 中 |
| S3760_02(config-if)#*ip address 192.168.10.2 255.255.255.0* | 配置 SVI IP 地址 |
| S3760_02(config-if)#*no shutdown* | 激活该端口 |
| S3760_02(config-if)#*exit* | 退出 |
| S3760_02(config)#*interface vlan 20* | 进入到 VLAN 20 中 |
| S3760_02(config-if)#*ip address 192.168.20.2 255.255.255.0* | 配置 SVI IP 地址 |
| S3760_02(config-if)#*no shutdown* | 激活该端口 |
| S3760_02(config-if)#*exit* | 退出 |
| S3760_02(config)#*interface vlan 30* | 进入到 VLAN 30 中 |
| S3760_02(config-if)#*ip address 192.168.30.2 255.255.255.0* | 配置 SVI IP 地址 |
| S3760_02(config-if)#*no shutdown* | 激活该端口 |
| S3760_02(config-if)#*exit* | 退出 |

步骤 8：在三层交换机的路由端口、Ra 和 Rb 及模拟 Internet 的路由器上配置接口 IP 地址。

| | |
|---|---|
| S3760_01(config)♯ *interface fastEthernet 0/24* | 进入到端口 24 |
| S3760_01(config-if)♯ *no switchport* | 将交换端口配置为路由端口 |
| S3760_01(config-if)♯ *ip address 10.1.1.2 255.255.255.0* | 在此端口上配置 IP 地址 |
| S3760_01(config-if)♯ *no shutdown* | 启用此端口 |
| S3760_02(config)♯ *interface fastEthernet 0/24* | 进入到端口 24 |
| S3760_02(config-if)♯ *no switchport* | 将交换端口配置为路由端口 |
| S3760_02(config-if)♯ *ip address 20.2.2.2 255.255.255.0* | 在此端口上配置 IP 地址 |
| S3760_02(config-if)♯ *no shutdown* | 启用此端口 |
| RSR20_01(config)♯ *hostname Ra* | 给此路由器命名 |
| Ra(config)♯ *interface fastEthernet 0/0* | 进入到 0 端口 |
| Ra(config-if)♯ *ip address 10.1.1.1 255.255.255.0* | 在此端口上配置 IP 地址 |
| Ra(config)♯ *no shutdown* | 启用此端口 |
| Ra(config)♯ *interface fastEthernet 0/1* | 进入到 1 端口 |
| Ra(config-if)♯ *ip address 20.2.2.1 255.255.255.0* | 在此端口上配置 IP 地址 |
| Ra(config)♯ *no shutdown* | 启用此端口 |
| Ra(config)♯ *interface serial 2/0* | 进入到 2 号串口 |
| Ra(config-if)♯ *ip address 192.168.1.1 255.255.255.0* | 在此端口上配置 IP 地址 |
| Ra(config-if)♯ *no shutdown* | 启用此端口 |
| RSR20_02(config)♯ *hostname Rb* | 给此路由器命名 |
| Rb(config)♯ *interface serial 2/0* | 进入到 2 号串口 |
| Rb(config-if)♯ *ip address 192.168.1.2 255.255.255.0* | 在此端口上配置 IP 地址 |
| Rb(config-if)♯ *clock rate 64000* | 配置时钟频率 |
| Rb(config-if)♯ *no shutdown* | 启用此端口 |
| Rb(config)♯ *interface fastEthernet 0/0* | 进入到 0 端口 |
| Rb(config-if)♯ *ip address 201.10.8.1 255.255.255.0* | 在此端口上配置 IP 地址 |
| Rb(config-if)♯ *no shutdown* | 启用此端口 |
| RSR20_03(config)♯ *hostname Internet* | 给此路由器命名 |
| Internet(config)♯ *interface fastEthernet 0/0* | 进入到 0 端口 |
| Internet(config-if)♯ *ip address 201.10.8.2 255.255.255.0* | 在此端口上配置 IP 地址 |
| Internet(config-if)♯ *no shutdown* | 启用此端口 |
| Internet(config)♯ *interface loopback 0* | 配置一个回环端口 |
| Internet(config-if)♯ *ip address 201.1.1.1 255.255.255.0* | 在此端口上配置 IP 地址 |
| Internet(config-if)♯ *no shutdown* | 启用此端口 |

步骤 9：在 Ra 和 Rb 上配置广域网链路，启用 PPP 协议和配置 PAP 认证。

| | |
|---|---|
| Ra(config)♯ *interface serial 2/0* | 进入到 2 号串口 |
| Ra(config-if)♯ *encapsulation ppp* | 配置 PPP 协议 |
| Ra(config-if)♯ *ppp pap sent-username Ra password 0 123* | PAP 认证的用户名和密码 |
| Ra(config-if)♯ *exit* | 退出 |
| Rb(config)♯ *username Ra password 0 123* | 验证方配置被验证的用户名和密码 |
| Rb(config)♯ *interface serial 2/0* | 进入到 2 号串口 |
| Rb(config-if)♯ *encapsulation ppp* | 配置 PPP 协议 |
| Rb(config-if)♯ *ppp authentication pap* | PPP 启用 PAP 认证方式 |
| Rb(config-if)♯ *exit* | 退出 |

步骤 10：运用 RIPv2 路由协议，在企业内网实现全网路由互通，用静态路由实现企业内网到互联网的访问。

| | |
|---|---|
| S3760_01(config)#*router rip* | 配置 RIP 路由协议 |
| S3760_01(config-router)#*version 2* | 使用版本 2 |
| S3760_01(config-router)#*network 10.1.1.0* | 发布相应的网段 |
| S3760_01(config-router)#*network 192.168.10.0* | 发布相应的网段 |
| S3760_01(config-router)#*network 192.168.20.0* | 发布相应的网段 |
| S3760_01(config-router)#*network 192.168.30.0* | 发布相应的网段 |
| S3760_01(config-router)#*exit* | 退出 |
| S3760_01(config)#*ip route 0.0.0.0 0.0.0.0 10.1.1.1* | 配置静态路由 |
| S3760_02(config)#*router rip* | 配置 RIP 路由协议 |
| S3760_02(config-router)#*version 2* | 使用版本 2 |
| S3760_02(config-router)#*network 20.2.2.0* | 发布相应的网段 |
| S3760_02(config-router)#*network 192.168.10.0* | 发布相应的网段 |
| S3760_02(config-router)#*network 192.168.20.0* | 发布相应的网段 |
| S3760_02(config-router)#*network 192.168.30.0* | 发布相应的网段 |
| S3760_02(config-router)#*exit* | 退出 |
| S3760_02(config)#*ip route 0.0.0.0 0.0.0.0 20.2.2.1* | 配置静态路由 |
| Ra(config)#*router rip* | 配置 RIP 路由协议 |
| Ra(config-router)#*version 2* | 使用版本 2 |
| Ra(config-router)#*no auto-summary* | 关闭自动汇总 |
| Ra(config-router)#*network 192.168.1.0* | 发布相应的网段 |
| Ra(config-router)#*network 10.1.1.0* | 发布相应的网段 |
| Ra(config-router)#*network 20.2.2.0* | 发布相应的网段 |
| Ra(config-router)#*exit* | 退出 |
| Ra(config)#*ip route 0.0.0.0 0.0.0.0 192.168.1.2* | 配置静态路由 |
| Rb(config)#*router rip* | 配置 RIP 路由协议 |
| Rb(config-router)#*version 2* | 使用版本 2 |
| Rb(config-router)#*no auto-summary* | 关闭自动汇总 |
| Rb(config-router)#*network 192.168.1.0* | 发布相应的网段 |
| Rb(config-router)#*exit* | 退出 |
| Rb(config)#*ip route 0.0.0.0 0.0.0.0 201.10.8.2* | 配置静态路由 |

**查看各设备的路由表信息及验证网络的互通性：**

```
S3760_01(config)#show ip route
Codes: C - connected, S - static, R - RIP B - BGP
       O - OSPF, IA - OSPF inter area
       N1 - OSPF NSSA external type 1, N2 - OSPF NSSA external type 2
       E1 - OSPF external type 1, E2 - OSPF external type 2
       i - IS-IS, su - IS-IS summary, L1 - IS-IS level-1, L2 - IS-IS level-2
       ia - IS-IS inter area, * - candidate default
```

```
Gateway of last resort is 10.1.1.1 to network 0.0.0.0
        S *    0.0.0.0/0 [1/0] via 10.1.1.1
        C      10.1.1.0/24 is directly connected,FastEthernet 0/24
        C      10.1.1.2/32 is local host.
        R      20.2.2.0/24 [120/1] via 10.1.1.1,00:00:05,FastEthernet 0/24
        R                  [120/1] via 192.168.30.2,00:00:23,VLAN 30
        R                  [120/1] via 192.168.20.2,00:00:23,VLAN 20
        R                  [120/1] via 192.168.10.2,00:00:23,VLAN 10
        R      192.168.1.0/24 [120/1] via 10.1.1.1,00:00:05,FastEthernet 0/24
        C      192.168.10.0/24 is directly connected,VLAN 10
        C      192.168.10.1/32 is local host.
        C      192.168.20.0/24 is directly connected,VLAN 20
        C      192.168.20.1/32 is local host.
        C      192.168.30.0/24 is directly connected,VLAN 30
        C      192.168.30.1/32 is local host.
S3760_02(config)# show ip route
Codes: C - connected,S - static,R - RIP B - BGP
       O - OSPF,IA - OSPF inter area
       N1 - OSPF NSSA external type 1,N2 - OSPF NSSA external type 2
       E1 - OSPF external type 1,E2 - OSPF external type 2
       i - IS - IS,su - IS - IS summary,L1 - IS - IS level - 1,L2 - IS - IS level - 2
       ia - IS - IS inter area, * - candidate default
Gateway of last resort is 20.2.2.1 to network 0.0.0.0
        S *    0.0.0.0/0 [1/0] via 20.2.2.1
        R      10.1.1.0/24 [120/1] via 192.168.10.1,00:00:20,VLAN 10
        R                  [120/1] via 20.2.2.1,00:00:16,FastEthernet 0/24
        R                  [120/1] via 192.168.30.1,00:00:20,VLAN 30
        R                  [120/1] via 192.168.20.1,00:00:20,VLAN 20
        C      20.2.2.0/24 is directly connected,FastEthernet 0/24
        C      20.2.2.2/32 is local host.
        R      192.168.1.0/24 [120/1] via 20.2.2.1,00:00:16,FastEthernet 0/24
        C      192.168.10.0/24 is directly connected,VLAN 10
        C      192.168.10.2/32 is local host.
        C      192.168.20.0/24 is directly connected,VLAN 20
        C      192.168.20.2/32 is local host.
        C      192.168.30.0/24 is directly connected,VLAN 30
        C      192.168.30.2/32 is local host.
S3760_02# ping 201.10.8.1
Sending 5,100 - byte ICMP Echoes to 201.10.8.1,timeout is 2 seconds:< press Ctrl + C to break >!!!!!
Success rate is 100 percent (5/5),round - trip min/avg/max = 30/30/30 ms
S3760_02# ping 192.168.1.1
Sending 5,100 - byte ICMP Echoes to 192.168.1.1,timeout is 2 seconds: < press Ctrl + C to break >!!!!!
Success rate is 100 percent (5/5),round - trip min/avg/max = 1/1/1 ms
Ra# show ip route
Codes: C - connected,S - static,R - RIP,B - BGP
       O - OSPF,IA - OSPF inter area
       N1 - OSPF NSSA external type 1,N2 - OSPF NSSA external type 2
       E1 - OSPF external type 1,E2 - OSPF external type 2
       i - IS - IS,su - IS - IS summary,L1 - IS - IS level - 1,L2 - IS - IS level - 2
       ia - IS - IS inter area, * - candidate default
Gateway of last resort is 192.168.1.2 to network 0.0.0.0
```

```
S *    0.0.0.0/0 [1/0] via 192.168.1.2
C      10.1.1.0/24 is directly connected,FastEthernet 0/0
C      10.1.1.1/32 is local host.
C      20.2.2.0/24 is directly connected,FastEthernet 0/1
C      20.2.2.1/32 is local host.
C      192.168.1.0/24 is directly connected,Serial 2/0
C      192.168.1.1/32 is local host.
C      192.168.1.2/32 is directly connected,Serial 2/0
R      192.168.10.0/24 [120/1] via 10.1.1.2,00:00:29,FastEthernet 0/0
                       [120/1] via 20.2.2.2,00:00:13,FastEthernet 0/1
R      192.168.20.0/24 [120/1] via 10.1.1.2,00:00:29,FastEthernet 0/0
                       [120/1] via 20.2.2.2,00:00:13,FastEthernet 0/1
R      192.168.30.0/24 [120/1] via 10.1.1.2,00:00:29,FastEthernet 0/0
                       [120/1] via 20.2.2.2,00:00:13,FastEthernet 0/1
Ra# ping 192.168.10.1
Sending 5,100 - byte ICMP Echoes to 192.168.10.1,timeout is 2 seconds: < press Ctrl + C to break >!!!!!
Success rate is 100 percent (5/5),round - trip min/avg/max = 1/1/1 ms
Ra# ping 192.168.10.2
Sending 5,100 - byte ICMP Echoes to 192.168.10.2,timeout is 2 seconds: < press Ctrl + C to break >!!!!!
Success rate is 100 percent (5/5),round - trip min/avg/max = 1/1/1 ms
Ra# ping 192.168.20.1
Sending 5,100 - byte ICMP Echoes to 192.168.20.1,timeout is 2 seconds: < press Ctrl + C to break >!!!!!
Success rate is 100 percent (5/5),round - trip min/avg/max = 1/1/1 ms
Ra# ping 192.168.20.2
Sending 5,100 - byte ICMP Echoes to 192.168.20.2,timeout is 2 seconds: < press Ctrl + C to break >!!!!!
Success rate is 100 percent (5/5),round - trip min/avg/max = 1/1/1 ms
Ra# ping 192.168.30.1
Sending 5,100 - byte ICMP Echoes to 192.168.30.1,timeout is 2 seconds: < press Ctrl + C to break >!!!!!
Success rate is 100 percent (5/5),round - trip min/avg/max = 1/1/1 ms
Ra# ping 192.168.30.2
Sending 5,100 - byte ICMP Echoes to 192.168.30.2,timeout is 2 seconds: < press Ctrl + C to break >!!!!!
Success rate is 100 percent (5/5),round - trip min/avg/max = 1/2/10 ms
Rb# show ip route
Codes: C - connected,S - static,R - RIP,B - BGP
       O - OSPF,IA - OSPF inter area
       N1 - OSPF NSSA external type 1,N2 - OSPF NSSA external type 2
       E1 - OSPF external type 1,E2 - OSPF external type 2
       i - IS - IS,su - IS - IS summary,L1 - IS - IS level - 1,L2 - IS - IS level - 2
       ia - IS - IS inter area, * - candidate default
Gateway of last resort is 201.10.8.2 to network 0.0.0.0
       S *    0.0.0.0/0 [1/0] via 201.10.8.2
       R      10.1.1.0/24 [120/1] via 192.168.1.1,00:00:03,Serial 2/0
       R      20.2.2.0/24 [120/1] via 192.168.1.1,00:00:03,Serial 2/0
       C      192.168.1.0/24 is directly connected,Serial 2/0
       C      192.168.1.1/32 is directly connected,Serial 2/0
       C      192.168.1.2/32 is local host.
       R      192.168.10.0/24 [120/2] via 192.168.1.1,00:00:03,Serial 2/0
       R      192.168.20.0/24 [120/2] via 192.168.1.1,00:00:03,Serial 2/0
       R      192.168.30.0/24 [120/2] via 192.168.1.1,00:00:03,Serial 2/0
       C      201.10.8.0/24 is directly connected,FastEthernet 0/0
       C      201.10.8.1/32 is local host.
INTERNET# show ip route
```

```
Codes: C - connected, S - static, R - RIP, B - BGP
       O - OSPF, IA - OSPF inter area
       N1 - OSPF NSSA external type 1, N2 - OSPF NSSA external type 2
       E1 - OSPF external type 1, E2 - OSPF external type 2
       i - IS - IS, su - IS - IS summary, L1 - IS - IS level - 1, L2 - IS - IS level - 2
       ia - IS - IS inter area, * - candidate default
Gateway of last resort is no set
C     201.1.1.0/24 is directly connected, Loopback 0
C     201.1.1.1/32 is local host.
C     201.10.8.0/24 is directly connected, FastEthernet 0/0
C     201.10.8.2/32 is local host.
```

步骤 11：在路由器 Rb 上做 NAT 实现内网对外网的访问，可用的公网地址包括 201.10.8.3/24～201.10.8.10/24。

| | |
|---|---|
| Rb(config)#*interface serial 2/0* | 进入到 2 号串口 |
| Rb(config-if)#*ip nat inside* | 定义该端口为内部端口 |
| Rb(config-if)#*exit* | 退出 |
| Rb(config)#*interface fastethernet 0/0* | 进入 0 端口 |
| Rb(config-if)#*ip nat outside* | 定义该端口为外部端口 |
| Rb(config-if)#*exit* | 退出 |
| Rb(config)#*access-list 1 permit 192.168.10.0 0.0.0.255* | 定义访问控制列表 |
| Rb(config)#*access-list 1 permit 192.168.20.0 0.0.0.255* | 定义访问控制列表 |
| Rb(config)#*access-list 1 permit 192.168.30.0 0.0.0.255* | 定义访问控制列表 |
| Rb(config)#*ip nat pool internet 201.10.8.3 201.10.8.10 netmask 255.255.255.0* | 定义公网 IP 地址池 |
| Rb(config)#*ip nat inside source list 1 pool internet* | 将内网地址转为公网地址 |
| Rb(config)#*exit* | 退出 |

查看路由器的地址转换记录：

```
Rb# show ip nat translations
Pro Inside global      Inside local      Outside local      Outside global
icmp201.10.8.7:768     192.168.10.20:768  201.10.8.2         201.10.8.2
```

步骤 12：为了控制内网对互联网的访问，在路由器 Rb 上做访问控制列表。

| | |
|---|---|
| Rb(config)#*access-list 101 deny ip 192.168.2.0 0.0.0.255 any* | 拒绝 20 网段到任何外网网段 |
| Rb(config)#*access-list 101 permit tcp 192.168.10.0 0.0.0.255 any eq www* | 允许 10 网段到外网访问 WWW 服务 |
| Rb(config)#*access-list 101 permit tcp 192.168.30.0 0.0.0.255 any eq www* | 允许 30 网段到外网访问 WWW 服务 |
| Rb(config)#*access-list 101 permit tcp 192.168.10.0 0.0.0.255 any eq ftp* | 允许 10 网段到外网访问 FTP 服务，控制连接 |
| Rb(config)#*access-list 101 permit tcp 192.168.10.0 0.0.0.255 any eq ftp-data* | 允许 10 网段到外网访问 FTP 服务，数据连接；仅用于主动模式 |
| Rb(config)#*access-list 101 deny tcp 192.168.10.0 0.0.0.255 any* | 拒绝 10 网段除了上面允许之外的任何外网服务 |

| | |
|---|---|
| Rb(config)♯*access-list 101 deny tcp 192.168.30.0 0.0.0.255 any* | 拒绝 30 网段除了上面允许之外的任何外网服务 |
| Rb(config)♯*access-list 101 permit ip any any* | 除了上面网段规定之外网段允许所有网段的所有服务 |
| Rb(config)♯*interface Serial 2/0* | 进入串口即入口 |
| Rb(config-if)♯*ip access-group 101 in* | 在入口上,应用扩展 ACL 101 |

查看访问控制列表:

```
Rb♯show access-lists
ip access-list standard 1
        10 permit 192.168.10.0 0.0.0.255
        20 permit 192.168.20.0 0.0.0.255
        30 permit 192.168.30.0 0.0.0.255
ip access-list extended 101
        10 deny ip 192.168.20.0 0.0.0.255 any
        20 permit tcp 192.168.10.0 0.0.0.255 any eq www
        30 permit tcp 192.168.30.0 0.0.0.255 any eq www
        40 permit tcp 192.168.10.0 0.0.0.255 any eq ftp
        50 permit tcp 192.168.10.0 0.0.0.255 any eq ftp-data
        60 deny tcp 192.168.10.0 0.0.0.255 any
        70 deny tcp 192.168.30.0 0.0.0.255 any
        80 permit ip any any
```

# 3.4　总结与分析

在第 2 章我们学习了层次网络,层次化网络模型用于确保网络设计的高可靠性、高扩展性、高灵活性,一般包括接入层、汇聚层、核心层。在本次园区网络组建中,使用二层交换机作为接入层,并且在该层交换机上启用端口安全检测,限制非法用户的接入;汇聚层与核心层合二为一,使用三次交换机汇聚接入层,并向路由器高速转发数据。为了确保网络的高可靠性,核心层采用双核心互为备份的架构,并且利用 VRRP 技术实现三层数据流量的负载均衡。由于网络中存在环路,因此在二、三层交换机上均启用了快速生成树协议 RSTP 实现网络的无环化,当网络接入用户较多时,可运行多生成树协议 MSTP,该协议分为多个实例,运行多棵树,可实现二层数据流量的负载均衡。

核心交换机与路由器通过运行动态路由协议 RIP 进行通信,当网络扩展后,可用 OSPF 协议替代 RIP 协议,该协议收敛快,网络内部广播流量少。在网络出口处,采用动态 NAT 转换,实现内网用户 IP 的转换;配置默认路由实现内外网用户的互通,在这里存在一个问题,默认路由怎么与动态路由(例如 RIP)进行通信?在实验中采取的是逐个交换机、路由器配置默认路由的办法,允许通过通向外网的数据。其实,可以采用路由重分布的技术,实现默认路由与 RIP 路由的融合。另外,对于 FTP 服务器,如果采用主动模式,按照上述配置则能够成功访问、下载;但是 FTP 服务器工作于被动模式,由于数据端口随机分配,因此仅允许通过 FTP-DATA(20)端口显然是不行的,这时需要进行其他配置:开放端口。

组网过程中,两台交换机之间相连的端口应该设置为 tag vlan 模式,交换机的 Trunk 接口在默认的情况下支持所有的 VLAN 传输。在实验过程中,需要先在交换机上启用生成树,然后连接拓扑,否则会引发环路。在配置交换机优先级时需要注意优先级的取值范围是 0～61440,且为 0 或者 4096 的整数倍。

# 准备篇

# 第4章 项目准备

"工欲善其事,必先利其器"。构建企业网络是一项庞大而复杂的工程项目,为了保证项目的顺利实施,进行充分而详细的项目准备是十分必要的。实施流程确保项目实施规范化,规避意外因素;通过任务分配,做到人尽其才,物尽其用;对比实施进度,监督工程实施的快慢,提高实施团队的积极性;良好的实施设备与工具是整个项目的物质基础,理论技术的现实载体。本章内容主要围绕项目准备展开,详细介绍网络工程项目实施前需要的步骤。

## 4.1 项目实施流程

在整个项目实施之前,应先确定项目实施流程。本项目实施流程是按照网络工程项目的进程顺序进行的,如图 4.1 所示。

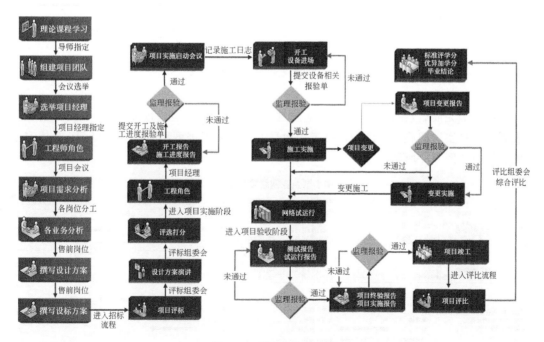

图 4.1 项目实施流程图

## 4.2　角色任务分配

在工作团队建立后，由项目经理根据成员的知识掌握情况和个人意愿进行人员分工。人员分工也是按照网络工程项目的实际分工进行分配的，如表 4.1 所示。

**表 4.1　人员分工表**

| 序号 | 岗位 | 工作内容 | 人数 |
|---|---|---|---|
| 1 | 项目经理 | 负责整个项目的实施质量与实施进度，部署人员分工，掌握施工进度。并组织撰写项目总结和项目报告 | 1 |
| 2 | 网络架构工程师 | 根据企业的业务，设计网络基础设施构架，提供企业网络高效、可靠、可扩展的解决方案 | 1 |
| 3 | 系统架构工程师 | 根据企业的业务，提供基于应用的应用服务器的设计方案，保障系统高效、可靠地运行 | 1 |
| 4 | 售前技术工程师 | 根据网络架构工程师和系统架构工程师提供的解决方案，撰写网络技术方案并提供具体的构建网络的成本预算 | 1 |
| 5 | 网络工程师 | 根据网络设计方案，对项目中的基础设备（路由器、交换机等）进行配置 | 3 |
| 6 | 服务器工程师 | 根据网络设计方案对项目中所有应用服务器进行配置 | 1 |
| 7 | 无线网络工程师 | 设计与实施无线网络，完成无线网络实施报告 | 1 |
| 8 | 网络测试工程师 | 根据网络设计方案，对整个网络运行状态进行评测，并撰写测试报告 | 1 |

项目中总计需要实施人员 10 名。当然也可以根据实际情况进行人员的选定。

## 4.3　项目实施进度

人员分工完成后，在正式进行项目实施之前，应制订项目实施进度，对整个项目实施进行规划。项目实训的施工进度与网络工程项目的实际施工进度相同，工期为 5 天，具体实施进度甘特图如图 4.2 所示。

图 4.2　实施进度甘特图

# 4.4  项目实施设备

项目在实施过程中应按照需求分析对实施设备进行选型和数量选择。本项目按照业务单元进行实训,每个业务单元为一个实训任务,每个实训任务所需的设备数量不同,具体如表4.2所示。

表 4.2  实训设备表

| 实训任务名称 | 实训设备数量/台 | | | | |
|---|---|---|---|---|---|
| | 路由器 | 交换机 | 无线 AP | 无线交换机 | 计算机 |
| 企业网 | 1 台 | 6 台 | 1 台 | 1 台 | 20 台 |

# 4.5  项目实施工具

在项目实施过程中,需要搭建服务器、撰写报告等,在这些过程中将用到一些软件工具。在此实训项目中所需软件工具如表4.3所示。

表 4.3  实训工具表

| 类　　型 | 软 件 版 本 | 用　　途 |
|---|---|---|
| 办公软件 | Microsoft Office Project | 撰写方案和报告<br>配置网络设备 |
| | Microsoft Office Word | |
| | Microsoft Office Visio | |
| | SecureCRT | |
| | AutoCAD 2010 | |
| 操作系统 | Windows Server 2003 | 服务器操作系统 |
| | Windows Server 2008 | |

# 设 计 篇

# 第5章　方 案 设 计

设计方案的优劣决定工程项目的成败。针对企业当前的信息技术应用情况,网络建设的策略应以应用促发展的网络发展思路,即以实际应用带动网络系统的发展,反过来再促进应用的发展,形成良性循环。本章讨论如何进行方案设计。首先,应该对用户需求进行详细的分析,确定网络的大致规模及层次;接着,依据企业网络的设计目标与原则给出相应的解决方案,包括企业骨干网、企业接入网、企业边缘网以及服务器群等;最后,确定项目的总体网络拓扑图,合理规划企业内部 IP 地址。

## 5.1　角色任务分配

方案设计阶段为项目的第一阶段,计划完成时间为 1 天,需要参加的人员有项目经理、网络架构工程师、系统架构工程师、售前工程师等岗位人员,进行项目启动会议,根据项目的背景进行项目分析、业务需求分析等工程。由项目经理进行人员的分工、实训的进度计划的制订。具体任务分配如表 5.1 所示。

表 5.1　人员分工表

| 序号 | 岗位 | 工 作 内 容 | 人数 |
|---|---|---|---|
| 1 | 项目经理 | 负责整个项目的实施质量与实施进度,部署人员分工,掌握施工进度。并组织撰写项目总结和项目报告 | 1 |
| 2 | 网络架构工程师 | 根据企业的业务,设计网络基础设施架构,提供企业网络高效、可靠、可扩展的解决方案 | 1 |
| 3 | 系统架构工程师 | 根据企业的业务,提供基于应用的应用服务器的设计方案,保障系统高效、可靠地运行 | 1 |
| 4 | 售前技术工程师 | 根据网络架构工程师和系统架构工程师提供的解决方案,撰写网络技术方案并提供具体的构建网络的成本预算 | 1 |

## 5.2　用户需求分析

### 5.2.1　项目概述

由于当前网络、数据库及与之相关的应用技术的不断发展,以及国际互联网(Internet)和内部网(Intranet)技术的广泛应用,世界正迈入网络中心计算(Network Centric Computing)时代。人们传统的交互和工作模式正在不断改变。处在不同地理位置的人们可以共享数据,使用群件技术(GroupWare)进而能够协同工作;各企业部门间数据的存储、传输、应用等技术也逐渐成熟。以上这些技术的发展将会对企业传统的计算机业务系统产生大变革,使用户能更方便、更直观地使用系统,也使系统的性能更完善、功能更强大。

为了满足公司的实际需要,专业系统信息化整体解决方案应运而生。它利用先进的网络技术、软件技术、信息交流技术,将公司的实际应用延伸到企业的最前沿。该解决方案显示了强大的可用性,全面提高企业效率,从而推动企业网和互联网全面进入实用阶段。

## 5.2.2　企业网的定义

企业 Intranet 内部网系统是一个集计算机技术、网络通信技术、数据库管理技术为一体的大型网络系统。它以管理信息为主体,连接生产、经营、维护、运营子系统,是一个面向企业日常业务、立足生产、面向社会服务,辅助领导决策的计算机信息网络系统。

针对企业当前的信息技术应用情况,计算机网络建设的策略应以应用促发展的网络发展思路,不是马上投入建立一个大规模的、全面的信息系统,而是以实际应用带动网络系统的发展,反过来再促进应用的发展,形成良性循环。

## 5.2.3　项目简介

北京市×××信息科技有限公司是海淀科技园区重点企业之一,是一个集科研、生产、维修于一体的中型科技企业。通过网络的升级改造,使企业融入正规的国际大环境,进而与WTO(World Trade Organization,世界贸易组织)接轨。

通过建设一个高速、安全、可靠、可扩充的网络系统,实现企业内信息的高度共享、传递、交流及管理信息化,企业领导能及时、全面、准确地掌握全集团的科研、管理、财务、人事等各方面情况,并建立出口信道,实现与 Internet 的互联。系统总体设计将本着总体规划、分步实施的原则,充分体现系统的技术先进性、高度的安全可靠性,同时具有良好的开放性、可扩展性。本着为企业着想,合理使用建设资金,使系统经济可行。

北京市×××信息科技有限公司网络的主要功能包括:文件传输(FTP)、远程登录(Telnet)、Web 浏览、在线信息发布、在线信息咨询与反馈、数据库查询、分布式数据存储、容灾备份、信息共享、视频会议、网络电话、安全防护等。

## 5.2.4　企业网络拓扑

北京市×××信息科技有限公司共有 4 层楼,布有 200 个信息点。根据公司要求采用路由器 RSR-20 系统路由器作为网络的出口,核心交换机采用 RG-S3760 系列,并采用双核心的模式进行部署,接入层选择 RG-S2126 系列交换机,同时为了便于参加会议的用户接入网络,所有的公司会议室采用无线接入模式。

根据北京市×××信息科技有限公司网络的建设要求,整个网络采用星型结构的层次化设计,由两个层次组成:核心层和接入层。网络采用双核心模式,配置两台 RG-S3760 系列交换机作为企业的核心层交换机。接入层采用 RG-S2126 系列交换机。为了便于网络控制,使用无线交换机进行无线用户接入控制,无线交换机采用 RG-WS5302 系列交换机MX-2,无线接入点采用 RG-AP220E 系列 MP422。

北京市×××信息科技有限公司企业整体网络拓扑图如图 5.1 所示。

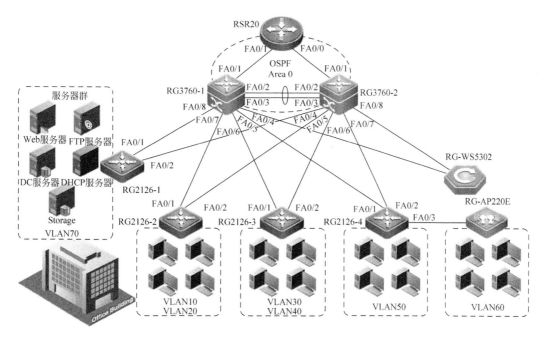

图 5.1　企业整体网络拓扑图

# 5.3　企业网络设计分析

## 5.3.1　企业网的设计目标

本项目的目标是在网络层面上建设一个以现代网络技术为依托,技术先进、扩展性强、能覆盖公司主要楼宇的企业主干网络,将企业的各种 PC、工作站、终端设备和局域网连接起来,并与有关广域网相连,能够在网上发布有关公司的信息并获取 Internet 上的信息资源,形成一个结构合理、内外沟通的企业计算机网络系统。同时在此基础上建立能满足研发、交流和管理工作的软硬件环境,开发各类信息库和应用系统,为企业各类人员提供充分的网络信息服务。

## 5.3.2　企业网的设计原则

北京市×××信息科技有限公司企业网络,本着少花钱办大事的原则,充分利用有限的资源,在保证网络先进性的前提下,选用性价比最好的设备。企业网建设应该遵循以下原则。

**1. 先进性**

以先进、成熟的网络通信技术进行组网,支持数据、软件等实际应用,用基于交换的技术替代传统的基于路由的技术。

**2. 标准化和开放性**

网络协议采用符合 ISO 及其他标准,如 IEEE、ITUT、ANSI 等制定的协议,并采用遵从国际和国家标准的网络设备。

### 3. 可靠性和可用性

选用高可靠的产品和技术,充分考虑系统在程序运行时的应变能力和容错能力,确保整个系统的安全性与可靠性。

### 4. 灵活性和兼容性

选用符合国际发展潮流的国际标准的软件技术,以便系统具有可靠性强、可扩展和可升级等特点,保证今后可迅速使用随着计算机网络发展而出现的新技术,同时为现存不同的网络设备、小型机、工作站、服务器、微机等设备提供入网和互联手段。

### 5. 实用性和经济性

从实用性和经济性出发,着眼于近期目标和长期发展,选用先进的设备,进行最佳性能组合,利用有限的投资构造一个性能最佳的网络系统。

### 6. 安全性和保密性

在接入 Internet 的情况下,必须保证网上信息和各种应用系统的安全。

### 7. 扩展性和升级能力

网络设计应具有良好的扩展性和升级能力,选用具有良好升级能力和扩展性的设备。在以后对该网络进行升级和扩展时,必须能保有现有的投资。能够支持多种网络协议、多种高层协议和多媒体应用。

### 8. 网络的灵活性

系统的灵活性主要表现在软件配置与负载平衡等方面,配合交换机产品与路由器产品支持的最先进的虚拟网络技术,整个网络系统可以通过软件快速简便地将用户或用户组从一个网络转移到另一个网络,可以跨越办公室、办公楼,而无须任何硬件的改变,以适应机构的变化。同时也可以通过平衡网络的流量来提高网络的性能。

## 5.3.3 企业网的设计依据标准

(1) 国际商用建筑物布线系统标准 EIA/TIA568、569 及 606。

(2) IEEE 802.3/802.5。

(3) ANSI FDDI/TPDDI。

(4) CCITT ATM 155/622Mbps。

(5) ISO/IECJTC1/SC25/WG3。

(6) 中国建筑电气设计规范。

(7) 工业企业通信设计规范。

(8) Commscope 布线设计标准。

(9) 建筑与建筑群综合布线系统工程设计规范。

(10) 建筑平面图。

(11) 客户的具体相关要求。

# 5.4 网络系统设计方案

## 5.4.1 企业网骨干设计

企业网络是按照标准的企业网功能模块进行划分的,分为企业园区、企业边缘、服务提供商边缘三层结构。企业园区分为接入、骨干、服务器群,在此网络结构中,将核心层与汇聚层合并为骨干。

在企业骨干区域使用的是双核心,通过使用链路聚合增加核心交换机之间链路带宽和冗余特性,实现系统的高可用性。

**1. 设备选型**

在核心层交换机选择过程中,需要满足以下条件:

(1)为适应网络拓扑的可扩展性,选择支持 IPv4/IPv6 双栈协议的多层交换机。交换机具备内在的安全防御机制和用户管理能力,可有效防止和控制病毒传播及网络攻击,控制非法用户接入和使用网络,保证合法用户合理化使用网络资源,充分保障网络的安全性以及网络合理化使用和运营。

(2)需要支持 SNMP、Telnet、Web 和 Console 口等多种管理接口,便于管理员在大型网络中使用。

(3)需要提供端到端的服务质量、灵活丰富的安全措施和基于策略的网络管理,最大化满足高速、安全、多业务的下一代企业网需求。

(4)交换机可有效防范和控制病毒传播及黑客攻击,如预防 DOS 攻击、防黑客 IP 扫描机制、端口 ARP(Address Resolution Protocol,地址解析协议)报文的合法性检查、多种硬件 ACL 策略等。

(5)支持硬件实现端口或交换机整机与用户 IP 地址和 MAC 地址的灵活绑定,严格限定端口上的用户接入或交换机整机上的用户接入问题。

(6)支持专用的硬件防范 ARP 网关欺骗和 ARP 主机欺骗功能,有效遏制网络中日益泛滥的 ARP 网关欺骗和 ARP 主机欺骗的现象,保障用户的正常上网。

(7)支持控制非法用户使用网络,保证合法用户合理化使用网络,如多元素绑定、端口安全、时间 ACL、基于数据流的带宽限速等,满足企业网、校园网加强对访问者进行控制、限制非授权用户通信的需求。

(8)支持各种单播和组播动态路由协议,可适应不同的网络规模和需要进行大量多播服务的环境,实现网络的可扩展和多业务应用。

(9)支持 802.1P、IP TOS、二到七层流过滤等完整的 QoS(Quality of Service,服务质量)策略,实现基于全网系统多业务的 QoS 逻辑。

(10)支持生成树协议 IEEE 802.1d/802.1w/802.1s,完全保证快速收敛,提高容错能力,保证网络的稳定运行和链路的负载均衡,合理使用网络通道,提高冗余链路利用率。

(11)支持 VRRP 虚拟路由器冗余协议,有效保障网络的稳定性。

(12)支持 RLDP(Rapid Link Detection Protocol,快速链路检测协议),可快速检测链路的通断和光纤链路的单向性,并支持端口下的环路检测功能,防止出现端口下因私接 Hub 等设备形成的环路而导致网络故障的现象。

**2. 园区骨干设计**

根据对用户的需求分析,园区骨干区域设计如下:

(1)为了保障二层链路的冗余,在骨干区域中的核心交换机上使用链路聚合技术,增大链路带宽,实现链路冗余。

(2)核心交换机双链路下行至接入层交换机,实现链路冗余和负载均衡。

（3）在路由功能方面，为了节省三层交换机的资源，在核心交换机上使用静态路由。

（4）在骨干区域安全方面，为了路由协议的安全性，采用风暴控制技术、ARP检测技术和系统防护措施保障骨干区域数据流与设备的安全。

园区骨干区域拓扑结构如图5.2所示。

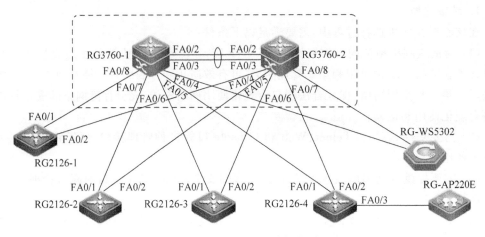

图5.2　园区骨干区域拓扑图

## 5.4.2　企业网接入设计

在企业园区接入区域，接入层交换机双链路上行到核心层交换机，增加了物理链路的冗余，增强高可用性。

**1. 设备选型**

在选择接入层交换机时，需要具备以下条件：

（1）支持智能的流分类和完善的服务质量（QoS）以及组播管理特性，并可以实施灵活多样的 ACL 访问控制。可通过 SNMP、Telnet、Web 和 Console 口等多种方式提供丰富的管理。

（2）需要提供端到端的服务质量、灵活丰富的安全措施和基于策略的网管，最大化满足高速、安全、多业务的下一代企业网需求。

（3）交换机可以有效防范和控制病毒传播及黑客攻击，如预防 DOS 攻击、防黑客 IP 扫描机制、端口 ARP 报文的合法性检查、多种硬件 ACL 策略等。

（4）支持硬件实现端口或交换机整机与用户 IP 地址和 MAC 地址的灵活绑定，严格限定端口上的用户接入或交换机整机上的用户接入问题。

（5）支持专用的硬件防范 ARP 网关欺骗和 ARP 主机欺骗功能，有效遏制网络中日益泛滥的 ARP 网关欺骗和 ARP 主机欺骗的现象，保障用户的正常上网。

（6）支持控制非法用户使用网络，保证合法用户合理化使用网络，如多元素绑定、端口安全、时间 ACL、基于数据流的带宽限速等，满足企业网、校园网加强对访问者进行控制、限制非授权用户通信的需求。

（7）支持各种单播和组播动态路由协议，可适应不同的网络规模和需要进行大量多播服务的环境，实现网络的可扩展和多业务应用。

（8）支持 802.1P、IP TOS、二到七层流过滤等完整的 QoS 策略，实现基于全网系统多业务的 QoS 逻辑。

（9）支持生成树协议 IEEE 802.1d/802.1w/802.1s，完全保证快速收敛，提高容错能力，保证网络的稳定运行和链路的负载均衡，合理使用网络通道，提供冗余链路利用率。

（10）支持 RLDP，可快速检测链路的通断和光纤链路的单向性，并支持端口下的环路检测功能，防止端口下因私接 Hub 等设备形成的环路而导致网络故障的现象。

**2. 园区接入设计**

根据对用户的需求分析，园区接入区域设计如下：

（1）为了保障二层链路的冗余和防止环路的存在，在接入层交换机启用 MSTP 技术，并使用 IEEE 802.1s 技术实现接入层交换机接入终端时，快速转发数据。

（2）采用双链路上行至核心层交换机，实现链路冗余和负载均衡。

（3）在接入区域安全方面，为了保障生成树协议安全运行，需要使用 BPDU Filter、BPDU GUARD 等技术。采用风暴控制技术、ARP 检测技术和系统防护措施保障接入区域数据流与设备的安全，使用端口安全技术保障接入终端安全。使用访问控制技术实现数据流量的限制。

（4）接入层接入终端时，需要使用 IEEE 802.1X 技术保障终端接入的合法性。

园区接入区域拓扑结构如图 5.3 所示。

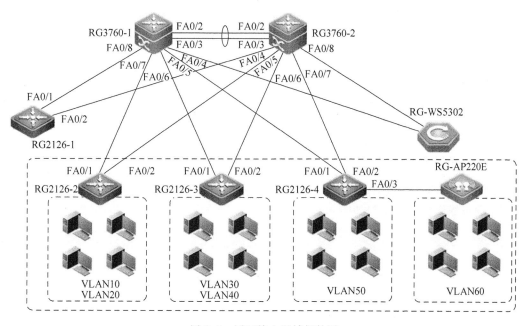

图 5.3　园区接入区域拓扑图

### 5.4.3　企业边缘设计

企业网由一条链路接入，主要申请了网通的互联网链路，用于为内网用户提供访问互联网的服务。同时也需要将内网的服务发布到互联网上，实现公司资源共享。

**1. 设备选型**

在企业边缘区域,出口设备采用路由器设备,在选择设备时需要注意以下参数。

路由器需要支持的参数:

(1) 需要支持丰富的安全功能,包括 Firewall、IPSec VPN、Secure Shell(SSH)协议、入侵保护、DDoS(Distributed Denial of Service,分布式拒绝服务)防御、攻击防御等。

(2) 需要支持认证、授权、记录用户信息的 AAA(Authentication Authorization Accounting,认证、授权、记账)认证技术,支持 Radius、TACACS+认证协议。

(3) 需要在 NAT 应用下,支持 L2TP/PPTP(Layer 2 Tunneling Protocol/Point to Point Tunneling Protocol,第二层隧道协议/点对点隧道协议)的穿透功能。

(4) 需要支持多业务线速并发。

(5) 支持 QoS 带宽控制精度极高,误差小于 1%。

(6) 支持 PQ(Priority Queueing,优先队列算法)、CQ(Customized Queue,用户定制队列)、FIFO(First Input First Output,先入先出队列)、WFQ(Weighted Fair Queuing,加权公平队列)等拥塞管理排队策略。

(7) 支持 WRED(Weighted Random Early Detection,加权随机先期检测)、RED(Random Early Detection,随机先期检测)的拥塞避免策略。

(8) 支持 GTS(Generic Traffic Shaping,通用流量整形)流量整形策略。

(9) 支持 CAR(Commit Access Rate,流量监管)流量监管策略。

(10) 支持基于压缩报文技术的链路效率的 QoS 策略。

(11) 支持设置语音数据包优先级,可以为中小型企业提供满足要求的、高性价比的多功能服务平台。

**2. 企业网边缘设计**

根据对用户的需求分析,企业网边缘设计如下:

(1) 使用 NAT 技术保障内部用户可以正常访问互联网,同时能够将内网的资源发布至互联网,如 Web 服务器、FTP 服务器。

(2) 在网络出口路由器使用访问控制技术,防止冲击波和震荡波等病毒入侵。

企业边缘区域拓扑结构如图 5.4 所示。

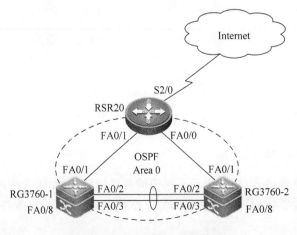

图 5.4　企业边缘区域拓扑图

### 5.4.4 服务器群设计

为了实现企业网的各项服务功能,需要搭建服务器群。本项目主要搭建域名服务器、DHCP 服务器、Web 服务器、FTP 服务器、数据中心服务器。

为了保障网络用户的安全,并能够统一管理网络中的用户,在服务器群中架设域服务器,为内网用户提供身份验证服务。

在服务器群中架设 DHCP 服务器,采用微软服务器版本,为内网主机提供动态的 IP 地址。

在服务器群中的 Web 服务器用来提供集团公司的门户服务,实现信息的发布。

在服务器群中的 FTP 服务器采用 Linux 操作系统,在 Linux 操作系统上安装 VSFTP (Very Secure FTP,安全性文件传输协议)服务,因为 VSFTP 软件安全性很高,为了保障 FTP 服务的安全性使用虚拟用户等。

为了保障数据的安全性,在服务器群中架设数据中心服务器。

服务器群区域设备功能如表 5.2 所示。

**表 5.2 服务器群设备功能**

| 序号 | 设备名称 | 系统平台 | 配置内容 | 实现功能 |
| --- | --- | --- | --- | --- |
| 1 | IP SAN 服务器 | Windows Storage Server 2003 | 创建 RAID5 磁盘分区 | IP SAN 存储 |
| 2 | DHCP 服务器 | Windows Server 2003 | 创建三个作用域,分别给每个部门的主机分配 IP 地址 | 动态分配主机地址 |
| 3 | Web 服务器 | Windows Server 2003 | 配置 IIS 服务,发布 Web 站点 | Web 服务 |
| 4 | FTP 服务器 | Linux | 使用虚拟用户访问 FTP 服务器 | 虚拟用户 |
| 5 | DC 服务器 | Windows Server 2003 | 对用户身份进行验证,并进行登录控制 | 域用户安全 |

服务器群区域拓扑结构如图 5.5 所示。

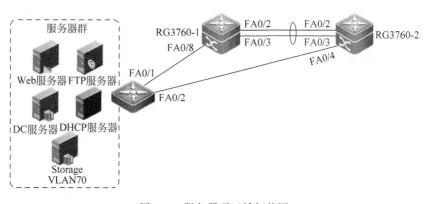

图 5.5 服务器群区域拓扑图

### 5.4.5 总体规划拓扑设计

企业总体规划拓扑结构如图 5.6 所示,其中的网络设备功能如表 5.3 所示。

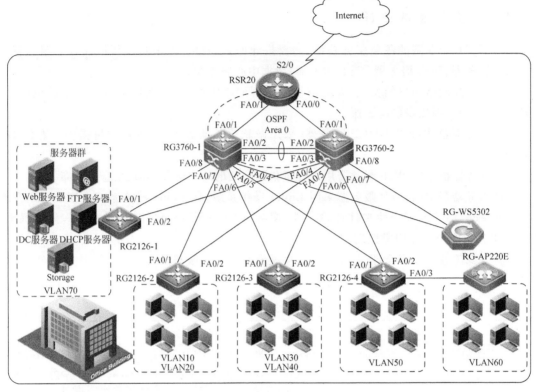

图 5.6　企业整体网络拓扑图

表 5.3　网络设备功能

| 序号 | 设备名称 | 设备位置 | 配置内容 | 实现功能 |
|---|---|---|---|---|
| 1 | 路由器 | 接入到 ISP | NAT、静态路由、访问控制、动态路由 | 访问互联网、安全接入 |
| 2 | 核心交换机 | 核心层 | 动态路由、VLAN 策略 | 路由功能、快速转发 |
| 3 | 接入层交换层 | 接入层 | 端口安全、风暴控制 | 接入层安全、数据转发 |
| 4 | 服务器交换机 | 服务器 | 端口安全、风暴控制 | 服务器安全、数据转发 |

## 5.4.6　总体 IP 规划设计

### 1. 网络设备 IP 规划

企业内网使用 VLAN 技术按不同部门进行划分。其详细规划如表 5.4 和表 5.5 所示。

表 5.4　VLAN 划分表

| 区域名称 | VLAN 划分 | 子网网段 | 备注 |
|---|---|---|---|
| 生产部 | 10 | 10.0.2.0/24 | |
| 市场部 | 20 | 10.0.3.0/24 | |
| 行政部 | 30 | 10.0.4.0/24 | |
| 销售部 | 40 | 10.0.5.0/24 | |
| 财务部 | 50 | 10.0.6.0/24 | |
| 营销部 | 60 | 10.0.7.0/24 | |
| 无线 AP | 61 | 10.0.61.0/24 | |
| 无线交换机 | 62 | 10.0.62.0/24 | |
| 服务器群 | 70 | 10.0.8.0/24 | |

表 5.5　IP 规划表

| 设 备 名 称 | 接 口 类 型 | IP 地 址 | 备 注 |
|---|---|---|---|
| RSR-20 | S2/0 | 214.1.1.1/29 | |
| | Fa0/0 | 10.0.0.2/30 | |
| | Fa0/1 | 10.0.0.6/30 | |
| RG3760E-1 | Fa0/1 | 10.0.0.1/30 | |
| | Vlan10 | 10.0.2.254/24 | |
| | Vlan20 | 10.0.3.254/24 | |
| | Vlan30 | 10.0.4.254/24 | |
| | Vlan40 | 10.0.5.254/24 | |
| | Vlan50 | 10.0.6.254/24 | |
| | Vlan60 | 10.0.7.254/24 | |
| | Vlan61 | 10.0.61.1/24 | |
| | Vlan62 | 10.0.62.1/24 | |
| | Vlan70 | 10.0.8.254/24 | |
| RG3760E-2 | Fa0/1 | 10.0.0.5/30 | |
| | Vlan10 | 10.0.2.253/24 | |
| | Vlan20 | 10.0.3.253/24 | |
| | Vlan30 | 10.0.4.253/24 | |
| | Vlan40 | 10.0.5.253/24 | |
| | Vlan50 | 10.0.6.253/24 | |
| | Vlan60 | 10.0.7.253/24 | |
| | Vlan61 | 10.0.61.2/24 | |
| | Vlan62 | 10.0.62.2/24 | |
| | Vlan70 | 10.0.8.253/24 | |
| RG-WS5302 | Vlan60 | 10.0.7.252/24 | |
| | Vlan61 | 10.0.61.3/24 | |
| | Vlan62 | 10.0.62.3/24 | |

## 2. 应用设备 IP 规划

应用设备 IP 规划如表 5.6 所示。

表 5.6　IP 规划表

| 设 备 名 称 | 接 口 类 型 | IP 地 址 | 备 注 |
|---|---|---|---|
| IP SAN 服务器 | NIC | 10.0.8.9/24 | |
| DHCP 服务器 | NIC | 10.0.8.8/24 | |
| Web 服务器 | NIC | 10.0.8.14/24 | |
| FTP 服务器 | NIC | 10.0.8.13/24 | |
| DC/DNS 服务器 | NIC | 10.0.8.12/24 | |

方案设计

# 实施篇

# 第6章 项目实施

项目实施包括进驻场地、设备上架、软硬件配置、布线实施等具体进程。本章主要将从配置硬件设备和部署应用集成系统的角度介绍相关知识。应用局域网各项网络技术到园区网络的相关层面,公司网络采用双核心架构,实现网络的高可用性和高可靠性,并考虑无线用户接入的实际需要,部署智能无线网络;在全网互通的基础上,部署 IP-SAN 存储系统、域名解析系统(DNS)、Web 服务器、FTP 服务器等应用系统,实现企业内外快捷的信息交流和资源共享。

## 6.1 角色任务分配

项目实施阶段为项目的第二阶段,计划完成时间为 1 天,需要参加的人员有项目经理、网络工程师、网络安全工程师、服务器工程师、无线工程师等岗位人员,根据网络设计方案来构建安全可靠的网络。

由项目经理对人员进行任务分工、实训的进度由项目经理掌握。具体任务分配如表 6.1 所示。

表 6.1　人员分工表

| 序号 | 岗位 | 工作内容 | 人数 |
|---|---|---|---|
| 1 | 项目经理 | 负责整个项目的实施质量与实施进度,部署人员分工,掌握施工进度。并组织撰写项目总结和项目报告 | 1 |
| 2 | 网络工程师 | 根据网络设计方案,对项目中的基础设备(路由器、交换机)等进行配置 | 3 |
| 3 | 服务器工程师 | 根据网络设计方案,对项目中的所有的应用服务器进行配置 | 1 |
| 4 | 无线网络工程师 | 设计与实施无线网络,完成无线网络实施报告 | 1 |

## 6.2 网络综合应用实施

### 6.2.1 部署园区骨干

核心交换机配置如下

```
Switch> enable
Switch# configure terminal
```

```
Switch(config)#hostname RG3760-1
RG3760-1(config)#vlan 10
RG3760-1(config-vlan)#exit
RG3760-1(config)#vlan 20
RG3760-1(config-vlan)#exit
RG3760-1(config)#vlan 30
RG3760-1(config-vlan)#exit
RG3760-1(config)#vlan 40
RG3760-1(config-vlan)#exit
RG3760-1(config)#vlan 50
RG3760-1(config-vlan)#exit
RG3760-1(config)#vlan 60
RG3760-1(config-vlan)#exit
RG3760-1(config)#vlan 61
RG3760-1(config-vlan)#exit
RG3760-1(config)#vlan 62
RG3760-1(config-vlan)#exit
RG3760-1(config)#vlan 70
RG3760-1(config-vlan)#exit

RG3760-1(config)#interface range fastethernet 0/2-3
RG3760-1(config-if-range)#port-group 1
RG3760-1(config-if-range)#exit
RG3760-1(config)#interface aggregateport 1
RG3760-1(config-if-aggregateport 1)#switchport mode trunk

RG3760-1(config)#interface range fastethernet 0/4-8
RG3760-1(config-if-range)#switchport mode trunk
RG3760-1(config-if-range)#exit

RG3760-1(config)#interface fastethernet 0/1
RG3760-1(config-if)#no switchport
RG3760-1(config-if)#ip add 10.0.0.1 255.255.255.252
RG3760-1(config-if)#no shutdown
RG3760-1(config)#interface vlan 10
RG3760-1(config-if)#ip add 10.0.2.254 255.255.255.0
RG3760-1(config-if)#ip helper-address 10.0.8.8
RG3760-1(config-if)#no shutdown
RG3760-1(config-if)#exit
RG3760-1(config)#interface vlan 20
RG3760-1(config-if)#ip add 10.0.3.254 255.255.255.0
RG3760-1(config-if)#ip helper-address 10.0.8.8
RG3760-1(config-if)#no shutdown
RG3760-1(config-if)#exit
RG3760-1(config)#interface vlan 30
RG3760-1(config-if)#ip add 10.0.4.254 255.255.255.0
RG3760-1(config-if)#ip helper-address 10.0.8.8
RG3760-1(config-if)#no shutdown
RG3760-1(config-if)#exit
RG3760-1(config)#interface vlan 40
RG3760-1(config-if)#ip add 10.0.5.254 255.255.255.0
```

```
RG3760 - 1(config - if) # ip helper - address 10.0.8.8
RG3760 - 1(config - if) # no shutdown
RG3760 - 1(config - if) # exit
RG3760 - 1(config) # interface vlan 50
RG3760 - 1(config - if) # ip add 10.0.6.254 255.255.255.0
RG3760 - 1(config - if) # ip helper - address 10.0.8.8
RG3760 - 1(config - if) # no shutdown
RG3760 - 1(config - if) # exit
RG3760 - 1(config) # interface vlan 60
RG3760 - 1(config - if) # ip add 10.0.7.254 255.255.255.0
RG3760 - 1(config - if) # ip helper - address 10.0.8.8
RG3760 - 1(config - if) # no shutdown
RG3760 - 1(config - if) # exit
RG3760 - 1(config) # interface vlan 61
RG3760 - 1(config - if) # ip add 10.0.61.1 255.255.255.0
RG3760 - 1(config - if) # no shutdown
RG3760 - 1(config - if) # exit
RG3760 - 1(config) # interface vlan 62
RG3760 - 1(config - if) # ip add 10.0.62.1 255.255.255.0
RG3760 - 1(config - if) # no shutdown
RG3760 - 1(config - if) # exit
RG3760 - 1(config) # interface vlan 70
RG3760 - 1(config - if) # ip add 10.0.8.254 255.255.255.0
RG3760 - 1(config - if) # ip helper - address 10.0.8.8
RG3760 - 1(config - if) # no shutdown
RG3760 - 1(config - if) # exit
RG3760 - 1(config) # spanning - tree
RG3760 - 1(config) # spanning - tree mst configuration
RG3760 - 1(config - mst) # name ruijie
RG3760 - 1(config - mst) # revision 1
RG3760 - 1(config - mst) # instance 10 vlan10,20,30
RG3760 - 1(config - mst) # instance 20 vlan40,50,60,61,62,70
RG3760 - 1(config) # spanning - tree mst 10 priority 4096
RG3760 - 1(config) # spanning - tree mst 20 priority 8192
RG3760 - 1(config) # interface vlan 10
RG3760 - 1(config - if - vlan 10) # vrrp 10 ip 10.0.2.1
RG3760 - 1(config - if - vlan 10) # vrrp 10 priority 120
RG3760 - 1(config) # interface vlan 20
RG3760 - 1(config - if - vlan 20) # vrrp 20 ip 10.0.3.1
RG3760 - 1(config - if - vlan 20) # vrrp 20 priority 120
RG3760 - 1(config) # interface vlan 30
RG3760 - 1(config - if - vlan 30) # vrrp 30 ip 10.0.4.1
RG3760 - 1(config - if - vlan 30) # vrrp 30 priority 120
RG3760 - 1(config) # interface vlan 40
RG3760 - 1(config - if - vlan 40) # vrrp 40 ip 10.0.5.1
RG3760 - 1(config) # interface vlan 50
RG3760 - 1(config - if - vlan 50) # vrrp 50 ip 10.0.6.1
RG3760 - 1(config) # interface vlan 60
RG3760 - 1(config - if - vlan 60) # vrrp 60 ip 10.0.7.1
RG3760 - 1(config) # interface vlan 70
RG3760 - 1(config - if - vlan 70) # vrrp 70 ip 10.0.8.1
```

```
RG3760 - 1(config) # router ospf 10
RG3760 - 1(config - router) # network 10.0.0.0 0.0.0.3 area 0
RG3760 - 1(config - router) # network 10.0.2.0 0.0.0.255 area 0
RG3760 - 1(config - router) # network 10.0.3.0 0.0.0.255 area 0
RG3760 - 1(config - router) # network 10.0.4.0 0.0.0.255 area 0
RG3760 - 1(config - router) # network 10.0.5.0 0.0.0.255 area 0
RG3760 - 1(config - router) # network 10.0.6.0 0.0.0.255 area 0
RG3760 - 1(config - router) # network 10.0.7.0 0.0.0.255 area 0
RG3760 - 1(config - router) # network 10.0.8.0 0.0.0.255 area 0
RG3760 - 1(config - router) # network 10.0.61.0 0.0.0.255 area 0
RG3760 - 1(config - router) # network 10.0.62.0 0.0.0.255 area 0
RG3760 - 1(config) # service dhcp
RG3760 - 1(config) # ip dhcp pool ap - pool
RG3760 - 1(dhcp - config) # option 138 ip 9.9.9.9
RG3760 - 1(dhcp - config) # network 10.0.61.0 255.255.255.0
RG3760 - 1(dhcp - config) # default - router 10.0.61.3


Switch > enable
Switch # configure terminal
Switch(config) # hostname RG3760 - 2
RG3760 - 2(config) # vlan 10
RG3760 - 2(config - vlan) # exit
RG3760 - 2(config) # vlan 20
RG3760 - 2(config - vlan) # exit
RG3760 - 2(config) # vlan 30
RG3760 - 2(config - vlan) # exit
RG3760 - 2(config) # vlan 40
RG3760 - 2(config - vlan) # exit
RG3760 - 2(config) # vlan 50
RG3760 - 2(config - vlan) # exit
RG3760 - 2(config) # vlan 60
RG3760 - 2(config - vlan) # exit
RG3760 - 2(config) # vlan 61
RG3760 - 2(config - vlan) # exit
RG3760 - 2(config) # vlan 62
RG3760 - 2(config - vlan) # exit
RG3760 - 2(config) # vlan 70
RG3760 - 2(config - vlan) # exit
RG3760 - 2(config) # interface range fastethernet 0/2 - 3
RG3760 - 2(config - if - range) # port - group 1
RG3760 - 2(config - if - range) # exit
RG3760 - 2(config) # interface aggregateport 1
RG3760 - 2(config - if - aggregateport 1) # switchport mode trunk
RG3760 - 2(config) # interface range fastethernet 0/4 - 8
RG3760 - 2(config - if - range) # switchport mode trunk
RG3760 - 2(config - if - range) # exit
RG3760 - 2(config) # interface fastethernet 0/1
RG3760 - 2(config - if) # no switchport
RG3760 - 2(config - if) # ip add 10.0.0.5 255.255.255.252
RG3760 - 2(config - if) # no shutdown
RG3760 - 2(config) # interface vlan 10
```

```
RG3760 - 2(config - if)♯ip add 10.0.2.253 255.255.255.0
RG3760 - 2(config - if)♯ip helper - address 10.0.8.8
RG3760 - 2(config - if)♯no shutdown
RG3760 - 2(config - if)♯exit
RG3760 - 2(config)♯interface vlan 20
RG3760 - 2(config - if)♯ip add 10.0.3.253 255.255.255.0
RG3760 - 2(config - if)♯ip helper - address 10.0.8.8
RG3760 - 2(config - if)♯no shutdown
RG3760 - 2(config - if)♯exit
RG3760 - 2(config)♯interface vlan 30
RG3760 - 2(config - if)♯ip add 10.0.4.253 255.255.255.0
RG3760 - 2(config - if)♯ip helper - address 10.0.8.8
RG3760 - 2(config - if)♯no shutdown
RG3760 - 2(config - if)♯exit
RG3760 - 2(config)♯interface vlan 40
RG3760 - 2(config - if)♯ip add 10.0.5.253 255.255.255.0
RG3760 - 2(config - if)♯ip helper - address 10.0.8.8
RG3760 - 2(config - if)♯no shutdown
RG3760 - 2(config - if)♯exit
RG3760 - 2(config)♯interface vlan 50
RG3760 - 2(config - if)♯ip add 10.0.6.253 255.255.255.0
RG3760 - 2(config - if)♯ip helper - address 10.0.8.8
RG3760 - 2(config - if)♯no shutdown
RG3760 - 2(config - if)♯exit
RG3760 - 2(config)♯interface vlan 60
RG3760 - 2(config - if)♯ip add 10.0.7.253 255.255.255.0
RG3760 - 2(config - if)♯ip helper - address 10.0.8.8
RG3760 - 2(config - if)♯no shutdown
RG3760 - 2(config - if)♯exit
RG3760 - 2(config)♯interface vlan 70
RG3760 - 2(config - if)♯ip add 10.0.8.253 255.255.255.0
RG3760 - 2(config - if)♯ip helper - address 10.0.8.8
RG3760 - 2(config - if)♯no shutdown
RG3760 - 2(config)♯interface vlan 61
RG3760 - 2(config - if)♯ip add 10.0.61.2 255.255.255.0
RG3760 - 2(config - if)♯no shutdown
RG3760 - 2(config - if)♯exit
RG3760 - 2(config)♯interface vlan 62
RG3760 - 2(config - if)♯ip add 10.0.62.2 255.255.255.0
RG3760 - 2(config - if)♯no shutdown
RG3760 - 2(config - if)♯exit
RG3760 - 2(config)♯spanning - tree
RG3760 - 2(config)♯spanning - tree mst configuration
RG3760 - 2(config - mst)♯name ruijie
RG3760 - 2(config - mst)♯revision 1
RG3760 - 2(config - mst)♯instance 10 vlan10,20,30
RG3760 - 2(config - mst)♯instance 20 vlan40,50,60,61,62,70
RG3760 - 2(config)♯spanning - tree mst 20 priority 4096
RG3760 - 2(config)♯spanning - tree mst 10 priority 8192
RG3760 - 2(config)♯interface vlan 10
RG3760 - 2(config - if - vlan 10)♯vrrp 10 ip 10.0.2.1
```

```
RG3760 - 2(config) # interface vlan 20
RG3760 - 2(config - if - vlan 20) # vrrp 20 ip 10.0.3.1
RG3760 - 2(config) # interface vlan 30
RG3760 - 2(config - if - vlan 30) # vrrp 30 ip 10.0.4.1
RG3760 - 2(config) # interface vlan 40
RG3760 - 2(config - if - vlan 40) # vrrp 40 ip 10.0.5.1
RG3760 - 2(config - if - vlan 40) # vrrp 40 priority 120
RG3760 - 2(config) # interface vlan 50
RG3760 - 2(config - if - vlan 50) # vrrp 50 ip 10.0.6.1
RG3760 - 2(config - if - vlan 50) # vrrp 50 priority 120
RG3760 - 2(config) # interface vlan 60
RG3760 - 2(config - if - vlan 60) # vrrp 60 ip 10.0.7.1
RG3760 - 2(config - if - vlan 60) # vrrp 60 priority 120
RG3760 - 2(config) # interface vlan 70
RG3760 - 2(config - if - vlan 70) # vrrp 70 ip 10.0.8.1
RG3760 - 2(config - if - vlan 70) # vrrp 70 priority 120
RG3760 - 2(config) # router ospf 10
RG3760 - 2(config - router) # network 10.0.0.4 0.0.0.3 area 0
RG3760 - 2(config - router) # network 10.0.2.0 0.0.0.255 area 0
RG3760 - 2(config - router) # network 10.0.3.0 0.0.0.255 area 0
RG3760 - 2(config - router) # network 10.0.4.0 0.0.0.255 area 0
RG3760 - 2(config - router) # network 10.0.5.0 0.0.0.255 area 0
RG3760 - 2(config - router) # network 10.0.6.0 0.0.0.255 area 0
RG3760 - 2(config - router) # network 10.0.7.0 0.0.0.255 area 0
RG3760 - 2(config - router) # network 10.0.8.0 0.0.0.255 area 0
RG3760 - 2(config - router) # network 10.0.61.0 0.0.0.255 area 0
RG3760 - 2(config - router) # network 10.0.62.0 0.0.0.255 area 0
RG3760 - 2(config) # service dhcp
RG3760 - 2(config) # ip dhcp pool ap - pool
RG3760 - 2(dhcp - config) # option 138 ip 9.9.9.9
RG3760 - 2(dhcp - config) # network 10.0.61.0 255.255.255.0
RG3760 - 2(dhcp - config) # default - router 10.0.61.3
```

## 6.2.2  部署园区接入

接入交换机配置如下：

```
Switch > enable
Switch # configure terminal
Switch(config) # hostname RG2126 - 2
RG2126 - 2(config) # vlan 10
RG2126 - 2(config) # vlan 20
RG2126 - 2(config) # interface range fastethernet0/1 - 2
RG2126 - 2(config - if - range) # switchport mode trunk
RG2126 - 2(config) # spanning - tree
RG2126 - 2(config) # spanning - tree mst configuration
RG2126 - 2(config - mst) # name ruijie
RG2126 - 2(config - mst) # revision 1
RG2126 - 2(config - mst) # instance 10 vlan10,20,30
RG2126 - 2(config - mst) # instance 20 vlan40,50,60,61,62,70
RG2126 - 2(config) # interface range fastethernet0/3 - 15
```

```
RG2126 - 2(config - if - range)#switchport access vlan 10
RG2126 - 2(config - if - range)#switchport port - security maximum 1
RG2126 - 2(config - if - range)#switchport port - security violation shutdown
RG2126 - 2(config - if - range)#switchport port - security
RG2126 - 2(config - if - range)#spanning - tree portfast
RG2126 - 2(config)#interface range fastethernet0/16 - 24
RG2126 - 2(config - if - range)#switchport access vlan 20
RG2126 - 2(config - if - range)#switchport port - security maximum 1
RG2126 - 2(config - if - range)#switchport port - security violation shutdown
RG2126 - 2(config - if - range)#switchport port - security
RG2126 - 2(config - if - range)#spanning - tree portfast

Switch > enable
Switch#configure terminal
Switch(config)#hostname RG2126 - 3
RG2126 - 3(config)#vlan 30
RG2126 - 3(config)#vlan 40
RG2126 - 3(config)#interface range fastethernet0/1 - 2
RG2126 - 3(config - if - range)#switchport mode trunk
RG2126 - 3(config)#spanning - tree
RG2126 - 3(config)#spanning - tree mst configuration
RG2126 - 3(config - mst)#name ruijie
RG2126 - 3(config - mst)#revision 1
RG2126 - 3(config - mst)#instance 10 vlan10,20,30
RG2126 - 3(config - mst)#instance 20 vlan40,50,60,61,62,70
RG2126 - 3(config)#interface range fastethernet0/3 - 15
RG2126 - 3(config - if - range)#switchport access vlan 30
RG2126 - 3(config - if - range)#switchport port - security maximum 1
RG2126 - 3(config - if - range)#switchport port - security violation shutdown
RG2126 - 3(config - if - range)#switchport port - security
RG2126 - 3(config - if - range)#spanning - tree portfast
RG2126 - 3(config)#interface range fastethernet0/16 - 24
RG2126 - 3(config - if - range)#switchport access vlan 40
RG2126 - 3(config - if - range)#switchport port - security maximum 1
RG2126 - 3(config - if - range)#switchport port - security violation shutdown
RG2126 - 3(config - if - range)#switchport port - security
RG2126 - 3(config - if - range)#spanning - tree portfast

Switch > enable
Switch#configure terminal
Switch(config)#hostname RG2126 - 4
RG2126 - 4(config)#vlan 50
RG2126 - 4(config)#vlan 60
RG2126 - 4(config)#interface range fastethernet0/1 - 2
RG2126 - 4(config - if - range)#switchport mode trunk
RG2126 - 4(config)#spanning - tree
RG2126 - 4(config)#spanning - tree mst configuration
RG2126 - 4(config - mst)#name ruijie
RG2126 - 4(config - mst)#revision 1
RG2126 - 4(config - mst)#instance 10 vlan10,20,30
RG2126 - 4(config - mst)#instance 20 vlan40,50,60,61,62,70
```

```
RG2126 - 4(config)#interface range fastethernet0/4 - 24
RG2126 - 4(config - if - range)#switchport access vlan 50
RG2126 - 4(config - if - range)#switchport port - security maximum 1
RG2126 - 4(config - if - range)#switchport port - security violation shutdown
RG2126 - 4(config - if - range)#switchport port - security
RG2126 - 4(config - if - range)#spanning - tree portfast
RG2126 - 4(config)#interface fastethernet0/3
RG2126 - 4(config - if)#switchport access vlan 61
RG2126 - 4(config - if - range)#spanning - tree portfast

Switch>enable
Switch#configure terminal
Switch(config)#hostname RG2126 - 1
RG2126 - 1(config)#vlan 70
RG2126 - 1(config)#interface range fastethernet0/1 - 2
RG2126 - 1(config - if - range)#switchport mode trunk
RG2126 - 1(config)#spanning - tree
RG2126 - 1(config)#spanning - tree mst configuration
RG2126 - 1(config - mst)#name ruijie
RG2126 - 1(config - mst)#revision 1
RG2126 - 1(config - mst)#instance 10 vlan10,20,30
RG2126 - 1(config - mst)#instance 20 vlan40,50,60,61,62,70
RG2126 - 1(config)#interface range fastethernet0/3 - 24
RG2126 - 1(config - if - range)#switchport access vlan 70
```

## 6.2.3 部署园区边缘

边缘路由器配置如下：

```
Router>enable
Router#configure terminal
Router(config)#hostname RSR20
RSR20(config)#interface serial 2/0
RSR20(config - if)#ip add 214.1.1.1 255.255.255.248
RSR20(config - if)#ip nat outside
1. RSR20(config - if)#no shutdown
2. RSR20(config - if)#exit
3. RSR20(config)#interface fastethernet 0/0
4. RSR20(config - if)#ip add 10.0.0.2 255.255.255.252
5. RSR20(config - if)#ip nat inside
6. RSR20(config - if)#ip access - group 110 in
7. RSR20(config - if)#no shutdown
RSR20(config)#interface fastethernet 0/1
RSR20(config - if)#ip add 10.0.0.6 255.255.255.252
RSR20(config - if)#ip nat inside
RSR20(config - if)#ip access - group 110 in
RSR20(config - if)#no shutdown
RSR20(config)#router ospf 10
RSR20(config - router)#network 10.0.0.0 0.0.0.3 area 0
RSR20(config - router)#network 10.0.0.4 0.0.0.3 area 0
RSR20(config - router)#default - information originate metric 150
RSR20(config)#ip route 0.0.0.0 0.0.0.0 serial 2/0
RSR20(config)#access - list 10 permit 10.0.2.0 0.0.0.255
RSR20(config)#access - list 10 permit 10.0.3.0 0.0.0.255
```

```
RSR20(config)♯access-list 10 permit 10.0.4.0 0.0.0.255
RSR20(config)♯access-list 10 permit 10.0.5.0 0.0.0.255
RSR20(config)♯access-list 10 permit 10.0.6.0 0.0.0.255
RSR20(config)♯access-list 10 permit 10.0.7.0 0.0.0.255
RSR20(config)♯ip nat pool internet 214.1.1.2 214.1.1.3 netmask 255.255.255.248
RSR20(config)♯ip nat inside source list 10 pool internet overload
RSR20(config)♯ip nat inside source static tcp 10.0.8.13 20 214.1.1.5 20
RSR20(config)♯ip nat inside source static tcp 10.0.8.13 21 214.1.1.5 21
RSR20(config)♯ip nat inside source static tcp 10.0.8.14 80 214.1.1.5 80
RSR20(config)♯access-list 110 permit ip 10.0.2.0 0.0.0.255 any
RSR20(config)♯access-list 110 permit ip 10.0.3.0 0.0.0.255 any
RSR20(config)♯access-list 110 permit ip 10.0.4.0 0.0.0.255 any
RSR20(config)♯access-list 110 permit ip 10.0.5.0 0.0.0.255 any
RSR20(config)♯access-list 110 permit ip 10.0.6.0 0.0.0.255 any
RSR20(config)♯access-list 110 permit ip 10.0.7.0 0.0.0.255 any
RSR20(config)♯access-list 110 permit ip 10.0.8.0 0.0.0.255 any
```

## 6.2.4  部署智能无线网络

```
WS5302(config)♯vlan 61
WS5302(config)♯vlan 62
WS5302(config)♯vlan 60
WS5302(config)♯wlan-config 1 RUIJIE123
WS5302(config-wlan)♯enable-broad-ssid
WS5302(config)♯ap-group default
WS5302(config-ap-group)♯interface-mapping 1 60
WS5302(config)♯interface vlan 60
WS5302(config-if-vlan 60)♯ip add 10.0.7.252 255.255.255.0
WS5302(config)♯interface vlan 61
WS5302(config-if-vlan 61)♯ip add 10.0.61.3 255.255.255.0
WS5302(config)♯interface vlan 62
WS5302(config-if-vlan 61)♯ip add 10.0.62.3 255.255.255.0
WS5302(config)♯interface range GigabitEthernet 0/1-2
WS5302(config-if-range)♯switchport mode trunk
WS5302(config)♯interface Loopback 0
WS5302(config-if)♯ip address 9.9.9.9 255.255.255.255
WS5302(config)♯router ospf 10
WS5302(config-router)♯network 9.9.9.9 0.0.0.0 area 0
WS5302(config-router)♯network 10.0.7.0 0.0.0.255 area 0
WS5302(config-router)♯network 10.0.61.0 0.0.0.255 area 0
WS5302(config-router)♯network 10.0.62.0 0.0.0.255 area 0
```

## 6.2.5  部署应用系统

### 1. 部署 IP SAN 服务器

本项目中采用 Windows Storage Server 2003 R2 版本,需要在服务器上安装此版本。安装完操作系统后,需要配置本地连接,如图 6.1 所示。

配置完网络连接后,新建三块 Hard Disk,如图 6.2 所示。

图 6.1 IP 地址配置

需要对硬盘阵列进行 RAID5 操作,右击 My Computer→Manage,如图 6.3 所示。

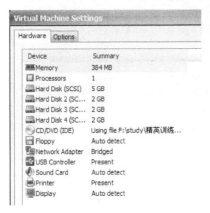

图 6.2 新建 Hard Disk

图 6.3 My Computer→manage

选择 Computer Management(Local)→Disk Management,如图 6.4 所示。

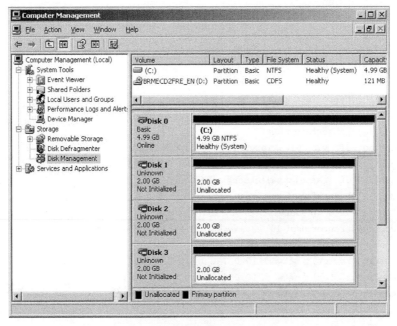

图 6.4 磁盘管理

右击 Disk1→Initialize Disk,进行初始化磁盘,如图 6.5 所示。

选择需要进行初始化的磁盘,如图 6.6 所示。

初始化完成后,右击 Disk1→Convert to Dynamic Disk,如图 6.7 所示。

选择需要转换的硬盘,如图 6.8 所示。

图 6.5　初始化磁盘

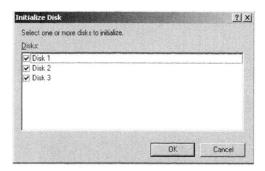

图 6.6　初始化磁盘选择

图 6.7　动态磁盘

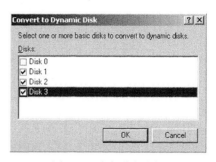

图 6.8　动态磁盘选择

转换完成后，右击 Disk1→New Volume，如图 6.9 所示。

在 New Volume Wizard 中选择 RAID-5，单击 Next 按钮，如图 6.10 所示。

选择需要的磁盘，单击 Next 按钮，如图 6.11 所示。

选择磁盘盘符，单击 Next 按钮，如图 6.12 所示。

选择文件系统格式，单击 Next 按钮，如图 6.13 所示。

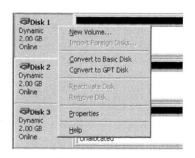

图 6.9　创建新卷

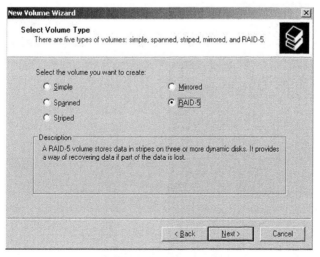

图 6.10　RAID-5

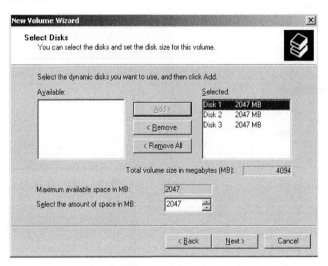

图 6.11　选择磁盘

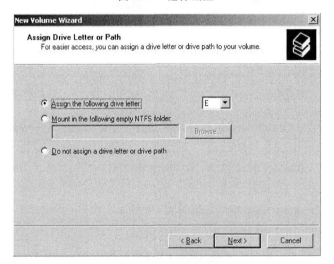

图 6.12　选择磁盘盘符

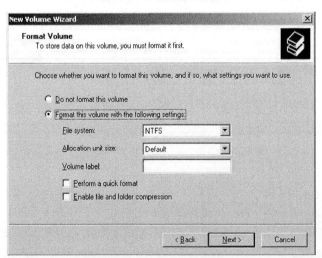

图 6.13　选择文件系统格式

单击 Next 按钮,磁盘进行格式化和同步操作,如图 6.14 所示。

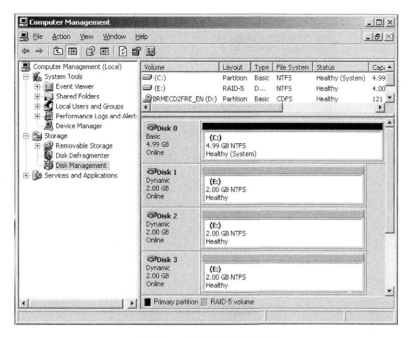

图 6.14　格式化和同步操作

磁盘格式化后,安装 Microsoft iSCSI Software Target 组件,运行 WSS_R2_Plug-in. exe,如图 6.15 所示。

图 6.15　Microsoft iSCSI Target 安装

配置完硬盘阵列后,需要为 Web 服务器、FTP 服务器提供磁盘空间。首先为 Web 服务器提供磁盘空间,单击 Star→Administrative Tools→Microsoft iSCSI Software Target,如图 6.16 所示。

右击 iSCSI Targets→Create iSCSI Target,如图 6.17 所示。

输入 Target name,单击 Next 按钮,如图 6.18 所示。

项目实施

100

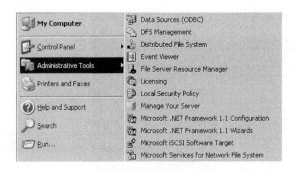

图 6.16　打开 iSCSI

图 6.17　Create iSCSI Target

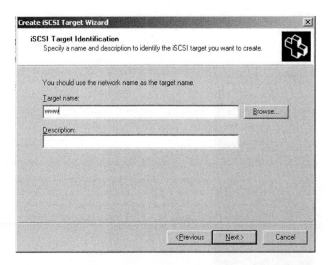

图 6.18　Target name→www

在 Advanced Identifiers 中单击 Add 按钮,如图 6.19 所示。

在 Add/Edit Identifier 中选择 IP Address,输入服务器 IP 地址,单击 OK 按钮,如图 6.20 所示。

添加完服务器地址后,单击 OK 按钮,磁盘空间分配完成,如图 6.21 所示。

下面为 Web 服务器提供虚拟磁盘空间,右击 www→Create Virtual Disk for iSCSI Target,如图 6.22 所示。

输入虚拟磁盘文件名称,如图 6.23 所示。

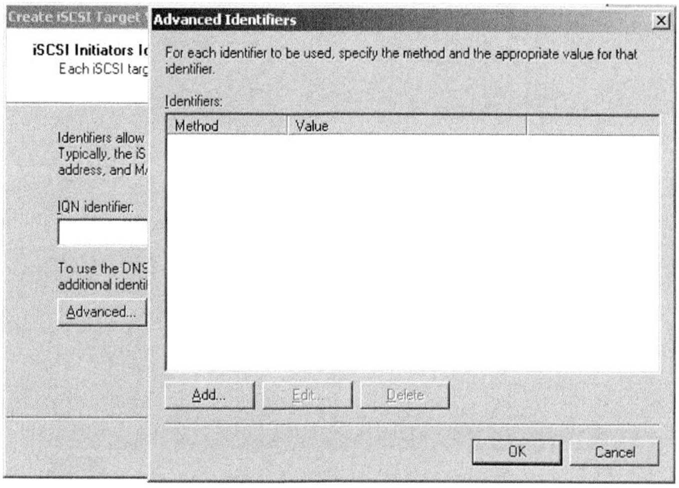

图 6.19  Advanced Identifiers→Add

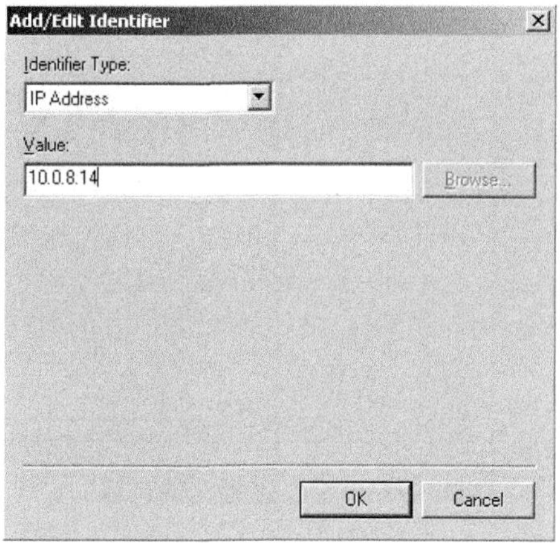

图 6.20  IP Address

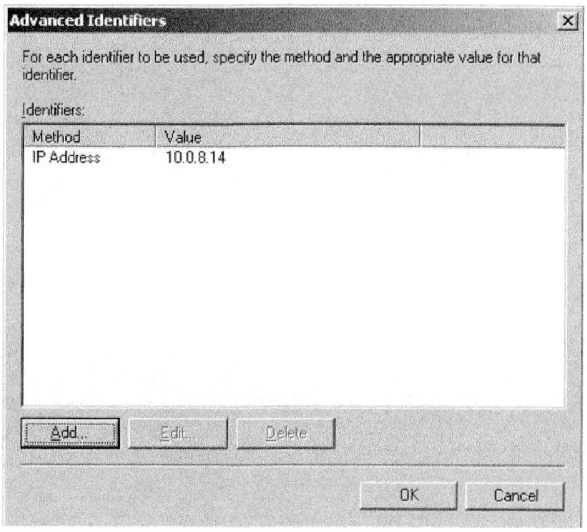

图 6.21  完成磁盘空间分配

项目实施

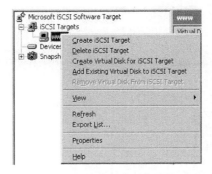

图 6.22　Create Virtual Disk for iSCSI Target

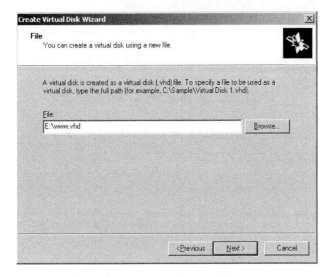

图 6.23　虚拟磁盘文件名称

输入为 Web 服务器提供的磁盘空间，如图 6.24 所示。

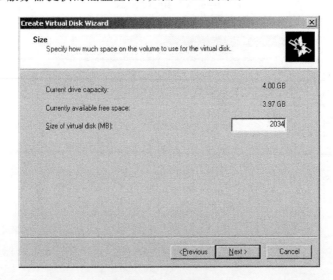

图 6.24　分配磁盘空间

输入虚拟磁盘描述信息,如图 6.25 所示。

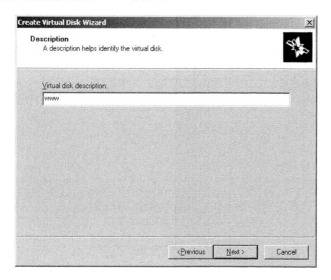

图 6.25　虚拟磁盘描述信息

选择允许访问的服务器,单击 Next 按钮,配置完成,如图 6.26 所示。

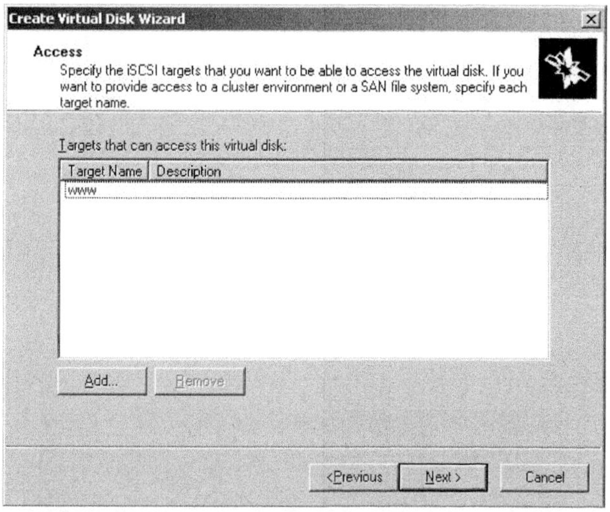

图 6.26　WWW 服务器

下面为 FTP 服务器提供磁盘空间,右击 iSCSI Targets→Create iSCSI Target,如图 6.27
所示。

输入 Target name,单击 Next 按钮,如图 6.28 所示。

在 Add/Edit Identifier 中选择 IP Address,输入服
务器 IP 地址,这里是 FTP 服务器地址,单击 OK 按
钮,如图 6.29 所示。

添加完服务器地址后,单击 OK 按钮,磁盘空间分
配完成,如图 6.30 所示。

图 6.27　Create iSCSI Target

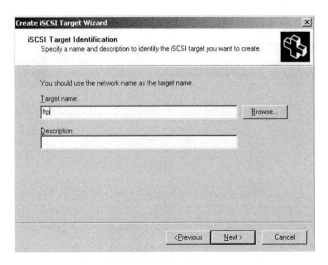

图 6.28　Target name→ftp

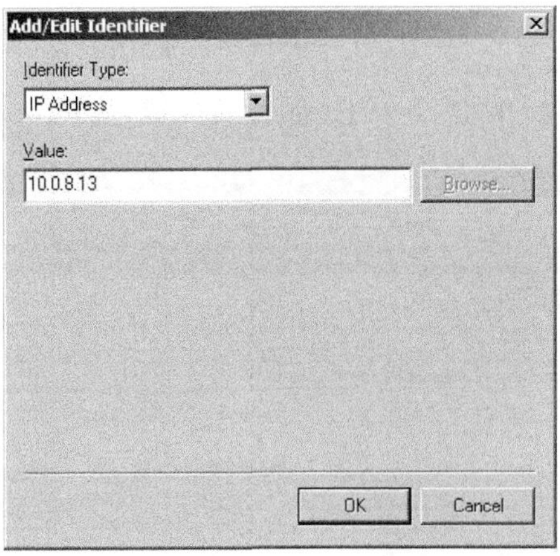

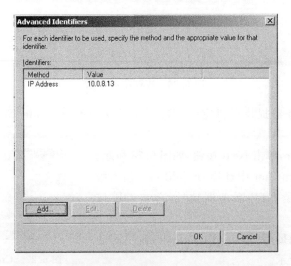

图 6.29　IP Address

图 6.30　完成磁盘空间分配

下面为 FTP 服务器提供虚拟磁盘空间,右击 ftp→Create Virtual Disk for iSCSI Target,如图 6.31 所示。

图 6.31　Create Virtual Disk for iSCSI Target

输入虚拟磁盘文件名称,如图 6.32 所示。

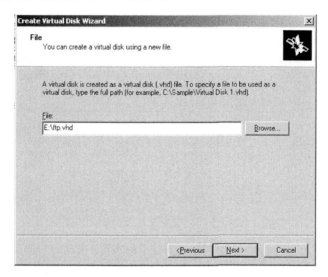

图 6.32　虚拟磁盘文件名称

输入为 FTP 服务器提供的磁盘空间,如图 6.33 所示。

选择允许访问的服务器,单击 Next 按钮,配置完成,如图 6.34 所示。

为各个服务分配完磁盘空间后,为了数据访问的安全,需要使用 CHAP 方式对服务器访问进行身份验证。

在 Microsoft iSCSI Software Target 上右击 www→Properties,如图 6.35 所示。

在 www Properties 中选择 Authentication,勾选 Enable CHAP,输入用户名 www,口令为 0123456789abc,单击 OK 按钮,如图 6.36 所示。

在 Microsoft iSCSI Software Targe 右击 ftp→Properties,在 ftp Properties 中选择 Authentication,勾选 Enable CHAP,输入用户名 ftp,口令为 0123456789abc,单击 OK 按钮,如图 6.37 所示。

这样配置完存储服务器,如图 6.38 所示。

图 6.33　分配磁盘空间

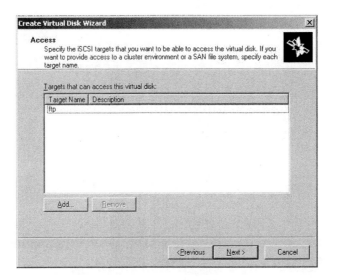

图 6.34　ftp 服务器

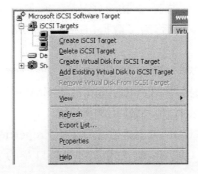

图 6.35　www→Properties

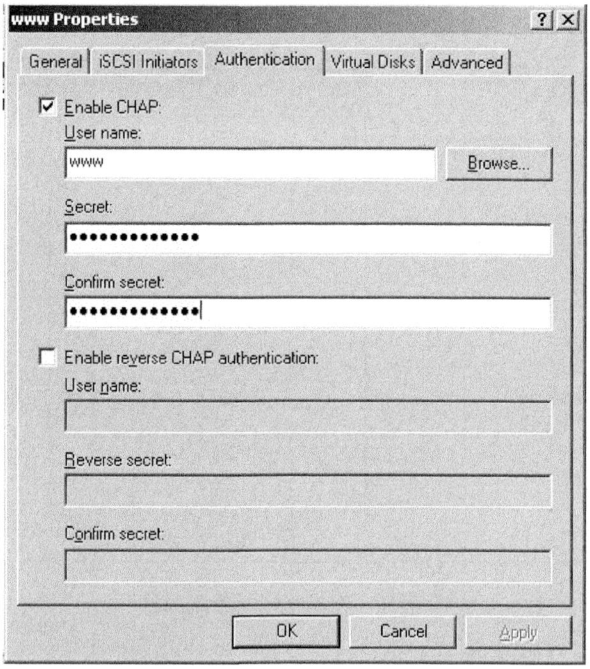


图 6.36　www→Authentication

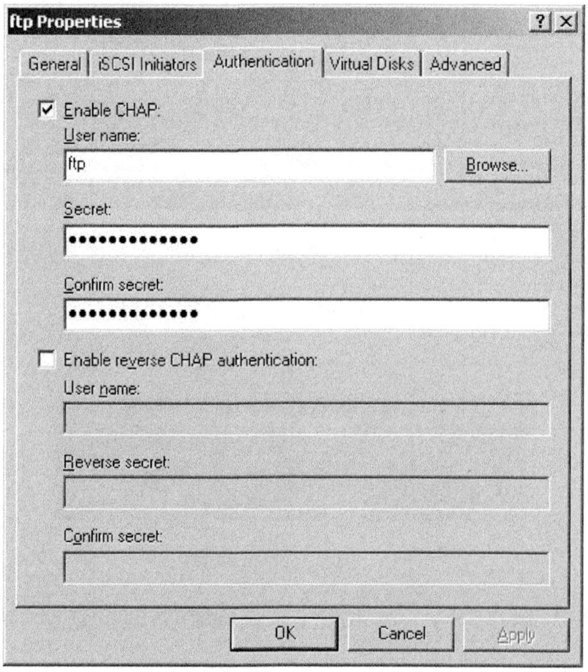


图 6.37　ftp→Authentication

iSCSITarget - [Microsoft iSCSI Software Target\iSCSI Targets]
File Action View Help
Microsoft iSCSI Software Target
iSCSI Targets
www
ftp
Devices
Snapshots
iSCSI Targets
Target Name
Description
Stat
www
Idle
ftp
Idle

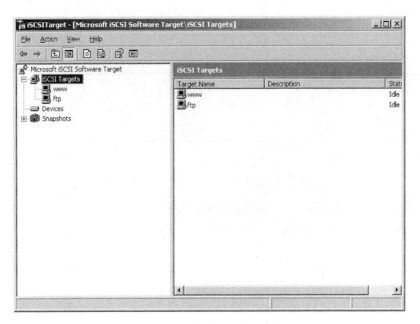

图 6.38　完成存储服务器配置

**2. 部署域控及域名服务器**

本项目中采用 Windows Server 2003 R2 版本，需要在服务器上安装此版本。

操作系统安装完毕后，需要配置本地连接，如图 6.39 所示。

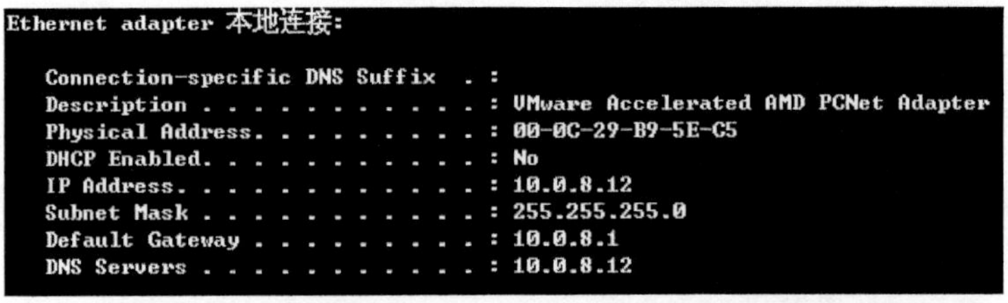

Ethernet adapter 本地连接:
Connection-specific DNS Suffix . :
Description . . . . . . . . . . . : VMware Accelerated AMD PCNet Adapter
Physical Address. . . . . . . . . : 00-0C-29-B9-5E-C5
DHCP Enabled. . . . . . . . . . . : No
IP Address. . . . . . . . . . . . : 10.0.8.12
Subnet Mask . . . . . . . . . . . : 255.255.255.0
Default Gateway . . . . . . . . . : 10.0.8.1
DNS Servers . . . . . . . . . . . : 10.0.8.12

图 6.39　配置本地连接

单击“开始”→“运行”→输入命令“cmd”，在命令提示符中输入“dcpromo”，如图 6.40 所示。

命令提示符
Microsoft Windows [版本 5.2.3790]
(C) 版权所有 1985-2003 Microsoft Corp.
C:\Documents and Settings\Administrator>dcpromo

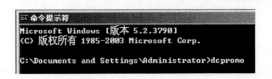

图 6.40　dcpromo 命令

在活动目录向导中，单击“下一步”按钮，在域控制类型中选择“新域的域控制器”，如图 6.41 所示。

在“创建一个新域”中选择在“在新林中的域”，单击“下一步”按钮，如图 6.42 所示。

输入新的域名，单击“下一步”按钮，如图 6.43 所示。

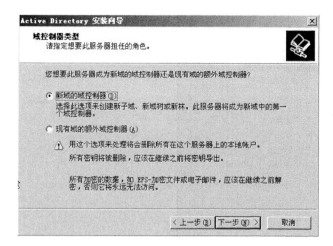

图 6.41 新域的域控制器

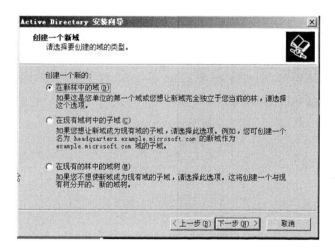

图 6.42 创建在新林中的域

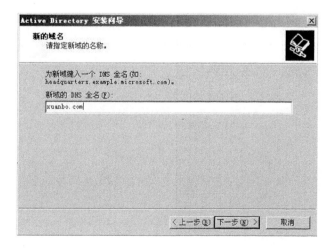

图 6.43 新的域名

项目实施

单击"下一步"按钮,选择"在这台计算机上安装配置 DNS 服务器……",单击"下一步"按钮,如图 6.44 所示。

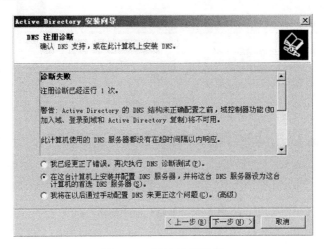

图 6.44　DNS 注册诊断

单击"下一步"→"下一步"按钮,安装完活动目录,并重新启动计算机。

重启计算机后,单击"开始"→"管理工具"→DNS,首先需要创建反向查找区域,右击"反向查找区域"→"新建区域",如图 6.45 所示。

图 6.45　反向查找区域

在"区域类型"类型中选择"主要区域",单击"下一步"按钮,如图 6.46 所示。

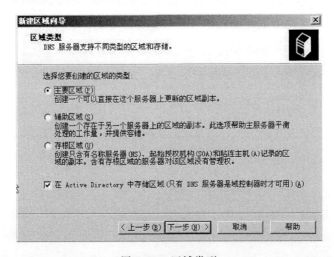

图 6.46　区域类型

输入反向查找区域名称,单击"下一步"按钮,如图 6.47 所示。

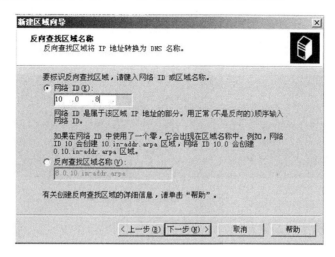

图 6.47　反向查找区域名称

配置完成的 DNS 服务器如图 6.48 所示。

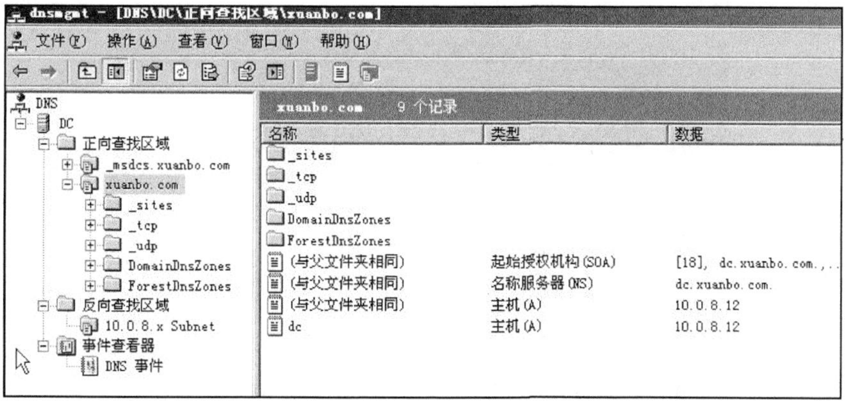

图 6.48　DNS 服务器

可以使用 nslookup 命令测试 DNS 服务,如图 6.49 所示。

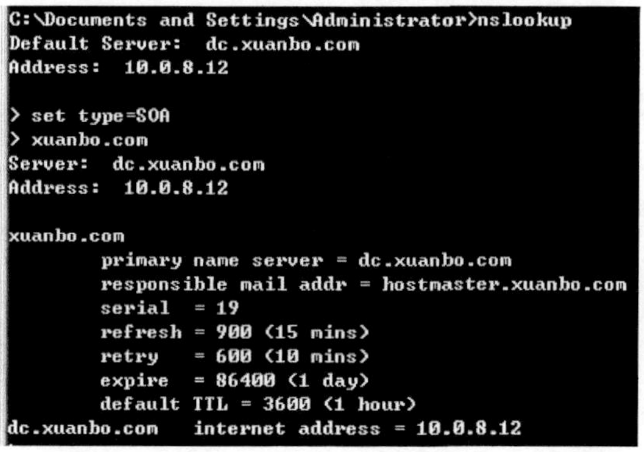

图 6.49　nslookup 命令

项目实施

### 3. 部署 Web 服务器

本项目需要一台 Web 服务器，需要安装 Windows Server 2003 R2 版本，使用 IIS 6.0 配置 Web 服务器。

配置 Web 服务器的 IP 地址，图 6.50 所示为 Web 服务器的网络配置。

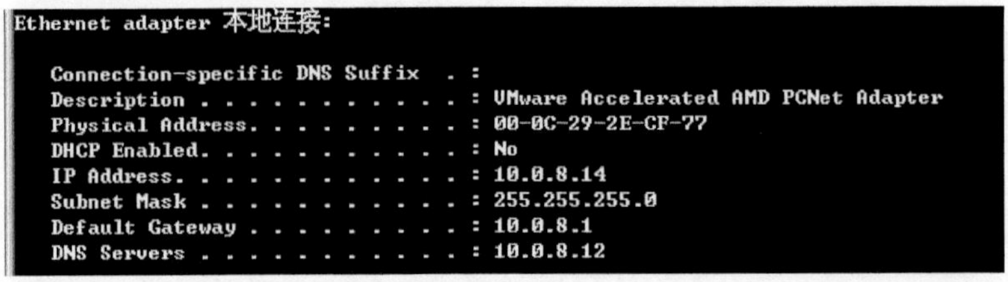

Ethernet adapter 本地连接:
Connection-specific DNS Suffix . :
Description . . . . . . . . . . . : VMware Accelerated AMD PCNet Adapter
Physical Address. . . . . . . . . : 00-0C-29-2E-CF-77
DHCP Enabled. . . . . . . . . . . : No
IP Address. . . . . . . . . . . . : 10.0.8.14
Subnet Mask . . . . . . . . . . . : 255.255.255.0
Default Gateway . . . . . . . . . : 10.0.8.1
DNS Servers . . . . . . . . . . . : 10.0.8.12

图 6.50　本地连接配置

服务器本地连接配置完成后，将服务器加入到 xuanbo.com 域中。

服务器加入到 xuanbo.com 域中之后，需要安装 Initiator 组件，挂载网络硬盘，双击安装软件，如图 6.51 所示。

Initiator-203-build3099-x86fre.exe

图 6.51　安装 Initiator 组件

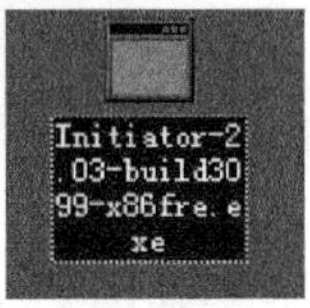

单击“下一步”按钮，进行安装，如图 6.52 所示。

Software Update Installation Wizard
Use this wizard to install the following software update:
Microsoft iSCSI Initiator
Before you install this update, we recommend that you:
· Back up your system
· Close all open programs
You might need to restart your computer after you complete this update. To continue, click Next.
< 上一步(B)
下一步(N) >
取消

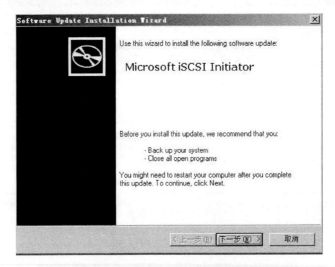

图 6.52　Initiator 组件安装界面

采用默认安装方式，单击“下一步”按钮，安装完成，如图 6.53 所示。

安装完成后，双击桌面 iSCSI Initiator 图标，如图 6.54 所示。

单击“iSCSI Initiator 属性”→Add，如图 6.55 所示。

输入存储服务器的 IP 地址，单击 OK 按钮，如图 6.56 所示。

单击“iSCSI Initiator 属性”→Targets→Log On，如图 6.57 所示。

单击 Log On to Target 中的 Advanced 按钮，如图 6.58 所示。

选择 Advanced Settings，勾选 CHAP login information，输入用户名 www 和口令 0123456789abc，如图 6.59 所示。

配置完成后，系统自动连接到网络磁盘，如图 6.60 所示。

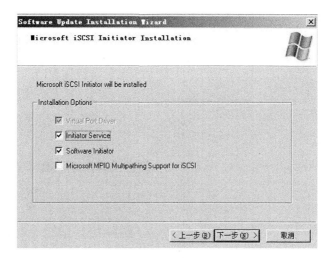

图 6.53  安装选项

图 6.54  iSCSI Initiator

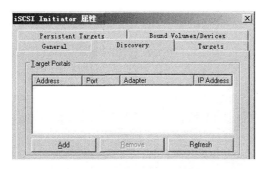

图 6.55  iSCSI Initiator 属性

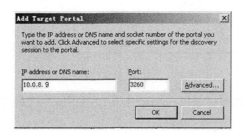

图 6.56  存储服务器的 IP 地址

114

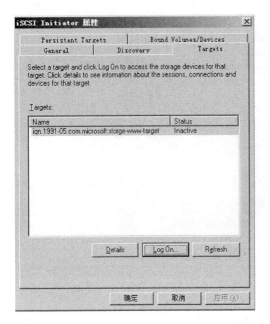

图 6.57 Targets→Log On

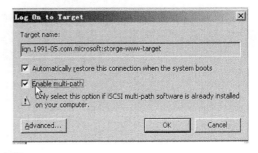

图 6.58 Log On to Target

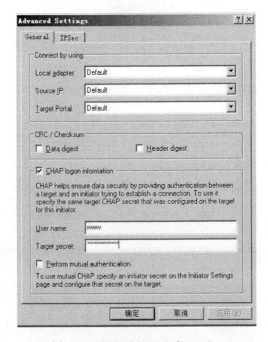

图 6.59 CHAP login information

网络磁盘挂载后,需要对磁盘进行初始化,单击"开始"→"管理工具"→"计算机管理",如图 6.61 所示。

在磁盘管理中找到新磁盘,进行初始化,并对其进行分区,需要创建两个磁盘,分别为 O 盘和 P 盘,O 盘大小为 500MB,用其作为仲裁磁盘,P 盘作为数据分区,将所剩余的容量都分配给此磁盘,如图 6.62 所示。

图 6.60　iSCSI Initiator 属性

图 6.61　计算机管理

图 6.62　新建磁盘分区

指定分区的大小,单击"下一步"按钮,如图 6.63 所示。

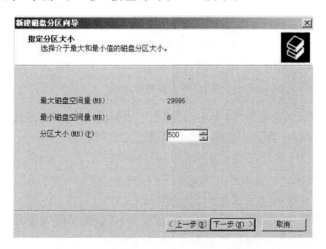

图 6.63　指定分区大小

指派驱动器号,单击"下一步"按钮,如图 6.64 所示。

单击"下一步"按钮,对磁盘进行格式化,配置完成,如图 6.65 所示。

第
6
章

项目实施

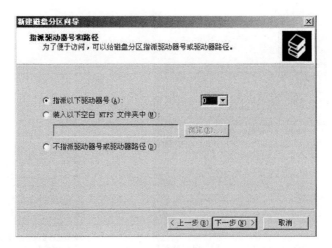

图 6.64　指派驱动器号

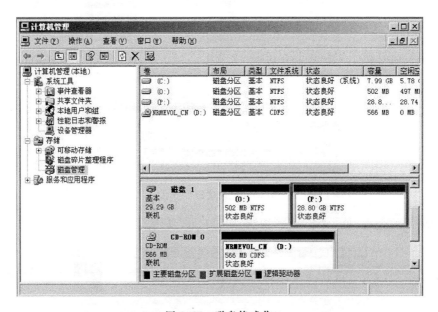

图 6.65　磁盘格式化

在服务器上安装 IIS 6.0 服务,单击"开始"→"控制面板"→"添加删除程序"→"添加删除组件"→"应用程序服务器"→"详细信息",如图 6.66 所示。

选择 ASP. NET、"Internet 信息服务"和"启用网络 COM+访问",单击"确定"按钮,进行安装,如图 6.67 所示。

安装完成 IIS 6.0 组件之后需要配置 Web 站点。

单击"开始"→"管理工具"→"Internet 信息服务(IIS)管理器",如图 6.68 所示。

右击"网站"→"新建"→"网站",如图 6.69 所示。

输入网站描述,单击"下一步"按钮,如图 6.70 所示。

选择 IP 地址和端口设置,单击"下一步"按钮,输入主目录路径,单击"下一步"按钮,如图 6.71 所示。

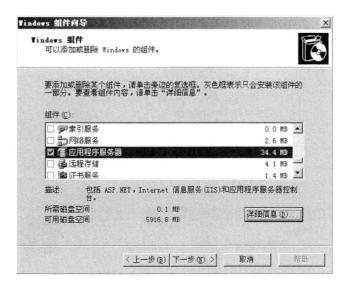

图 6.66　添加 IIS 6.0 服务

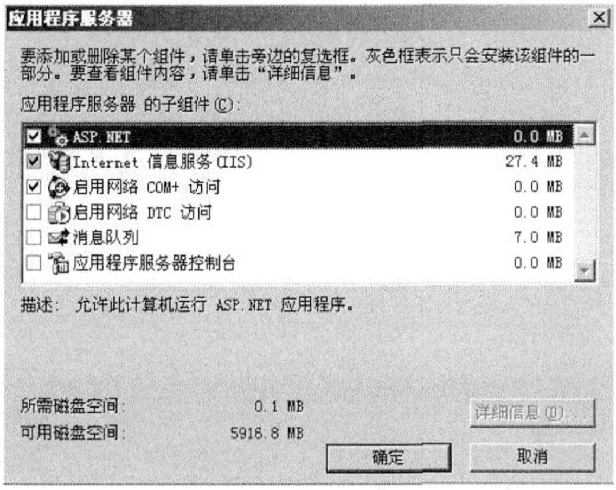

图 6.67　安装组件

图 6.68　Internet 信息管理器

项目实施

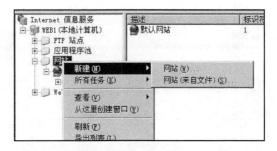

图 6.69  新建网站

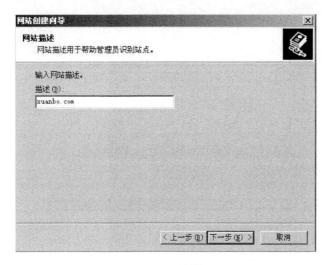

图 6.70  网站描述

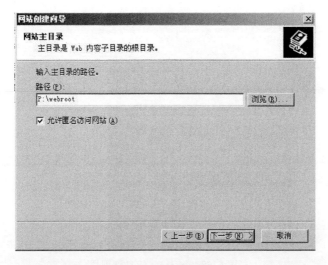

图 6.71  网站主目录

图 6.72 所示为配置完成的 IIS 服务。

图 6.72　完成 IIS 服务配置

打开 IE 浏览器,输入 www.xuanbo.com 进行网站测试,如图 6.73 所示。

图 6.73　网站测试

## 4. 部署 FTP 服务器

本项目需要一台 FTP 服务器,需要安装 RedHat Linux ES 5.0 版本,需要配置网络连接,配置完成后,可以使用下面的命令进行查看。

```
[root@ftp~]#ifconfig
eth0        Link encap:Ethernet HWaddr 00:0C:29:F5:4F:11
            inet addr:10.0.8.13 Bcast:10.0.8.255 Mask:255.255.255.0
            inet6 addr: fe80::20c:29ff:fef5:4f11/64 Scope:Link
            UP BROADCAST RUNNING MULTICAST MTU:1500 Metric:1
            RX packets:1979 errors:0 dropped:0 overruns:0 frame:0
            TX packets:55 errors:0 dropped:0 overruns:0 carrier:0
            collisions:0 txqueuelen:1000
            RX bytes:119048 (116.2 KiB) TX bytes:8710 (8.5 KiB)
            Interrupt:67 Base address:0x2024
```

修改计算机名称:

```
[root@ftp ~]#vi  /etc/sysconfig/network
HOSTNAME = ftp.xuanbo.com
[root@ftp ~]#vi /etc/hosts
10.0.8.13             ftp.xuanbo.com
```

计算机名称使用下面命令进行查看:

```
[root@ftp ~]# hostname
ftp.xuanbo.com
```

使用 ping 命令测试网络的连通性:

```
[root@ftp ~]# ping 10.0.8.9
PING 10.0.8.9 (10.0.8.9) 56(84) bytes of data.
64 bytes from 10.0.8.9: icmp_seq = 0 ttl = 128 time = 0.688 ms
64 bytes from 10.0.8.9: icmp_seq = 1 ttl = 128 time = 0.276 ms

--- 10.0.8.9 ping statistics ---
2 packets transmitted, 2 received, 0 % packet loss, time 1001ms
rtt min/avg/max/mdev = 0.276/0.482/0.688/0.206 ms, pipe 2
```

首先需要挂载网络硬盘，需要安装 iSCSI 软件，使用下面的命令查看是否安装：

```
[root@ftp ~]# rpm - qa |grep iscsi
[root@ftp ~]# rpm - ivh /media/CDROM/Server/iscsi - initiator - utils - 6.2.0.742 - 0.5.el5.
i386.rpm
warning:/media/CDROM/Server/iscsi - initiator - utils - 6.2.0.742 - 0.5.el5.i386.rpm: Header
V3 DSA signature: NOKEY, key ID 37017186
Preparing... ############################################## [100 %]
   1:iscsi - initiator - utils############################################## [100 %]
[root@ftp ~]# rpm - qa |grep iscsi
iscsi - initiator - utils - 6.2.0.742 - 0.5.el5
```

修改 CHAP 配置文件/etc/iscsi/iscsid.conf：

```
node.session.auth.username = ftp
node.session.auth.password = 0123456789abc
```

使用下面的命令启动 iSCSI 服务：

```
[root@ftp ~]# /etc/init.d/iscsi start
iscsid is stopped
Turning off network shutdown. Starting iSCSI daemon:          [ OK ]
                                                              [ OK ]
Setting up iSCSI targets:                                     [ OK ]
```

开始探测存储：

```
[root@ftp ~]# iscsiadm - m discovery - t sendtargets - p 10.0.8.9:3260
10.0.8.9:3260,1 iqn.1991 - 05.com.microsoft:1 - lp8i7dbotgdjw - ftp - target
```

将探测到的存储挂载到本地：

```
[root@ftp ~]# iscsiadm - m node - T iqn.1991 - 05.com.microsoft:1 - lp8i7dbotgdjw - ftp -
target - p 10.0.8.9:3260 - l
Logging in to [iface: default, target:
iqn.2006 - 01.com.openfiler:tsn.af7b14fe4761, portal: 10.0.8.9,3260]
Login to [iface: default, target:
iqn.2006 - 01.com.openfiler:tsn.af7b14fe4761, portal:10.0.8.9,3260]:successful
```

可以使用下面的命令查看磁盘具体信息：

```
[root@ftp ~]# fdisk - l

Disk /dev/sda: 5368 MB, 5368709120 bytes
255 heads, 63 sectors/track, 652 cylinders
```

```
Units = cylinders of 16065 * 512 = 8225280 bytes

   Device Boot    Start     End      Blocks    Id  System
/dev/sda1    *        1      38     305203 +   83   Linux
/dev/sda2            39     603    4538362 +   83   Linux
/dev/sda3           604     652     393592 +   82   Linux swap / Solaris

Disk /dev/sdb: 2132 MB, 2132803584 bytes
66 heads, 62 sectors/track, 1017 cylinders
Units = cylinders of 4092 * 512 = 2095104 bytes

Disk /dev/sdb doesn't contain a valid partition table
```

## 使用下面的命令启用在运行级别 3 和 5 下自动运行 iSCSI 服务：

```
[root@ftp ~]# chkconfig iscsi on
[root@ftp ~]# chkconfig -- list | grep iscsi
iscsi           0:off   1:off   2:on    3:on    4:on    5:on    6:off
iscsid          0:off   1:off   2:off   3:on    4:on    5:on    6:off
```

## 已经挂载成功，使用下面的命令对磁盘进行分区：

```
[root@ftp ~]# fdisk /dev/sdb
Device contains neither a valid DOS partition table, nor Sun, SGI or OSF disklabel
Building a new DOS disklabel. Changes will remain in memory only,
until you decide to write them. After that, of course, the previous
content won't be recoverable.

Warning: invalid flag 0x0000 of partition table 4 will be corrected by write

Command (m for help): n
Command action
   e   extended
   p   primary partition (1 - 4)
p
Partition number (1 - 4): 1
First cylinder (1 - 1017, default 1):
Using default value 1
Last cylinder or + size or + sizeM or + sizeK (1 - 1017, default 1017):
Using default value 1017

Command (m for help): p

Disk /dev/sdb: 2132 MB, 2132803584 bytes
66 heads, 62 sectors/track, 1017 cylinders
Units = cylinders of 4092 * 512 = 2095104 bytes

   Device Boot    Start       End     Blocks   Id  System
/dev/sdb1              1      1017   2080751   83   Linux

Command (m for help): w
The partition table has been altered!
```

```
Calling ioctl() to re-read partition table.
Syncing disks.
```

使用下面的命令对分区进行格式化：

```
[root@ftp ~]# mkfs.ext3 /dev/sdb1
mke2fs 1.39 (29-May-2006)
Filesystem label=
OS type: Linux
Block size=4096 (log=2)
Fragment size=4096 (log=2)
260096 inodes,520187 blocks
26009 blocks (5.00%) reserved for the super user
First data block=0
Maximum filesystem blocks=532676608
16 block groups
32768 blocks per group,32768 fragments per group
16256 inodes per group
Superblock backups stored on blocks:
        32768,98304,163840,229376,294912

Writing inode tables: done
Creating journal (8192 blocks): done
Writing superblocks and filesystem accounting information: done

This filesystem will be automatically checked every 34 mounts or
180 days,whichever comes first. Use tune2fs -c or -i to override.
```

安装 VSFTPD 软件：

```
[root@ftp ~]# rpm -ivh /media/CDROM/Server/vsftpd-2.0.5-10.el5
.i386.rpm
warning: /media/CDROM/Server/ vsftpd-2.0.5-10.el5.i386.rpm: Header V3 DSA signature:
NOKEY,key ID 37017186
Preparing... ###################################### [100%]
   1: vsftpd ###################################### [100%]
```

配置 VSFTP 账户信息，使用编辑器创建，如下所示：

```
[root@ftp ~]# vi logins.txt
Mike
123456
Jack
123456
```

安装 DB 软件：

```
[root@ftp ~]# rpm -ivh /media/CDROM/Server/db4-4.3.29-9.fc6.i386.rpm
warning: /media/CDROM/Server/db4-4.3.29-9.fc6.i386.rpm: Header V3 DSA signature: NOKEY,
key ID 37017186
Preparing... ###################################### [100%]
        package db4-4.3.29-9.fc6 is already installed
[root@ftp~]# rpm -ivh /media/CDROM/Server/db4-devel-4.3.29-9.fc6.i386.rpm
```

```
warning: /media/CDROM/Server/db4 - devel - 4.3.29 - 9.fc6.i386.rpm: Header V3 DSA signature:
NOKEY,key ID 37017186
Preparing...  ########################################## [100%]
   1:db4 - devel ############################################### [100%]
[root@ftp~]# rpm - ivh /media/CDROM/Server/db4 - utils - 4.3.29 - 9.fc6.i386.rpm
warning: /media/CDROM/Server/db4 - utils - 4.3.29 - 9.fc6.i386.rpm: Header V3 DSA signature:
NOKEY,key ID 37017186
Preparing...  ########################################## [100%]
   1:db4 - utils ############################################### [100%]
```

使用 db_load 命令生成虚拟用户库文件,如下所示:

```
[root@ftp ~]# db_load - T - t hash - f logins.txt /etc/vsftpd_login.db
```

修改库文件口令,如下所示:

```
[root@ftp ~]# chmod 600 /etc/vsftpd_login.db
```

创建 VSFTP 的 PAM 验证文件,如下所示:

```
[root@ftp ~]# vi /etc/pam.d/vsftpd.vu
auth required /lib/security/pam_userdb.so db = /etc/vsftpd_login
account required /lib/security/pam_userdb.so db = /etc/vsftpd_login
```

创建虚拟用户,并为用户指定目录,如下所示:

```
[root@ftp ~]# useradd - d /home/ftpsite virtual
[root@ftp ~]# chmod 704 /home/ftpsite/
```

将虚拟用户目录挂载到网络磁盘,如下所示:

```
[root@ftp ~]# mount /dev/sdb1 /home/ftpsite/
[root@ftp ~]# df
Filesystem    1K - blocks   Used    Available   Use%   Mounted on
/dev/sda2     4396056    2174948   1994192    53%    /
/dev/sda1     295561     14789     265512     6%     /boot
tmpfs         192780     0         192780     0%     /dev/shm
/dev/hda      2806992    2806992   0          100%   /media/CDROM
/dev/sdb1     2048060    35856     1908168    2%     /home/ftpsite
```

修改配置文件,将磁盘静态挂载,如下所示:

```
[root@ftp ~]# vi /etc/fstab
LABEL = /                /          ext3     defaults          1 1
LABEL = /boot           /boot       ext3     defaults          1 2
devpts                  /dev/pts    devpts   gid = 5,mode = 620  0 0
tmpfs                   /dev/shm    tmpfs    defaults          0 0
proc                    /proc       proc     defaults          0 0
sysfs                   /sys        sysfs    defaults          0 0
LABEL = SWAP - sda3 swap            swap     defaults          0 0
/dev/sdb1               /home/ftpsite  auto    defaults        0 0
```

修改 VSFTP 配置文件,在配置文件最后输入下面的内容:

项目实施

```
[root@ftp ~]# vi /etc/vsftpd/vsftpd.conf
guest_enable = YES
guest_username = virtual
pam_service_name = /etc/pam.d/vsftpd.vu
user_config_dir = /etc/vsftpd/users_config
```

创建用户的配置文件，如下所示：

```
[root@ftp ~]# mkdir /etc/vsftpd/users_config
[root@ftp ~]# vi /etc/vsftpd/users_config/Jack
guest_enable = YES
guest_username = virtual
anon_world_readable_only = NO
anon_max_rate = 100000
```

```
[root@ftp ~]# vi /etc/vsftpd/users_config/Mike
guest_enable = YES
guest_username = virtual
anon_world_readable_only = NO
anon_other_write_enable = YES
anon_mkdir_write_enable = YES
anon_upload_enable = YES
anon_max_rate = 300000
```

```
[root@ftp ~]# setsebool ftpd_disable_trans 1
[root@ftp ~]# service vsftpd restart
Shutting down vsftpd:                                        [  OK  ]
Starting vsftpd for vsftpd:                                  [  OK  ]
```

关闭防火墙，测试 FTP 服务，如下所示：

```
[root@lab ~]# ftp 10.0.8.13
Connected to 10.0.8.13.
220 (vsFTPd 2.0.1)
530 Please login with USER and PASS.
530 Please login with USER and PASS.
KERBEROS_V4 rejected as an authentication type
Name (10.0.8.13:root): Jack
331 Please specify the password.
Password:
230 Login successful.
Remote system type is UNIX.
Using binary mode to transfer files.
ftp> ls
227 Entering Passive Mode (10,0,8,13,52,68)
150 Here comes the directory listing.
drwx------    2 0         0             16384 Jan 01 10:36 lost+found
226 Directory send OK.
ftp> put logins.txt acc
local: logins.txt remote: acc
227 Entering Passive Mode (10,0,8,13,240,184)
550 Permission denied.
```

```
ftp> ls
227 Entering Passive Mode (10,0,8,13,250,238)
150 Here comes the directory listing.
drwx------      2 0          0               16384 Jan 01 10:36 lost+found
226 Directory send OK.
ftp> bye
221 Goodbye.
[root@lab ~]# ftp 10.0.8.13
Connected to 10.0.8.13.
220 (vsFTPd 2.0.1)
530 Please login with USER and PASS.
530 Please login with USER and PASS.
KERBEROS_V4 rejected as an authentication type
Name (10.0.8.13:root): Mike
331 Please specify the password.
Password:
230 Login successful.
Remote system type is UNIX.
Using binary mode to transfer files.
ftp> put logins.txt aaa
local: logins.txt remote: aaa
227 Entering Passive Mode (10,0,8,13,100,79)
150 Ok to send data.
226 File receive OK.
24 bytes sent in 0.00021 seconds (1.1e+02 Kbytes/s)
ftp> ls
227 Entering Passive Mode (10,0,8,13,58,100)
150 Here comes the directory listing.
-rw-------      1 501        501             24 Jan 01 11:09 aaa
drwx------      2 0          0               16384 Jan 01 10:36 lost+found
226 Directory send OK.
ftp> bye
221 Goodbye.
```

设置 VSFTP 服务器运行级别 3 和 5 启动：

```
[root@ftp ~]# chkconfig --level 35 vsftpd on
[root@ftp ~]# chkconfig --list | grep vsftpd
vsftpd           0:off    1:off    2:off    3:on    4:off    5:on     6:off
```

### 5. 部署 DHCP 服务器

本项目需要一台 DHCP 服务器，需要安装 Windows Server 2003 R2 版本。安装完操作系统后，需要进行网络配置，如图 6.74 所示。

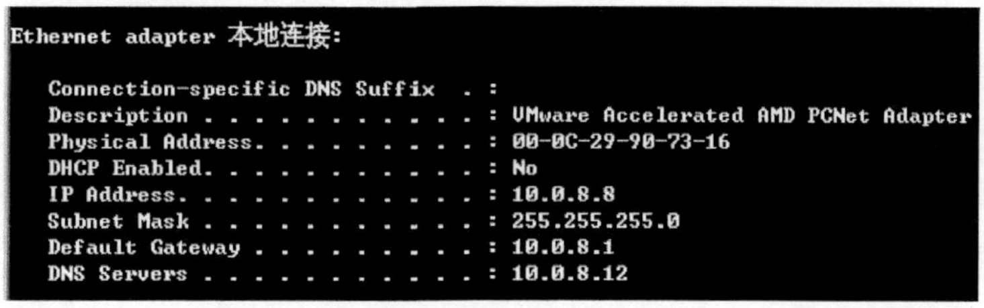

```
Ethernet adapter 本地连接:

        Connection-specific DNS Suffix  . :
        Description . . . . . . . . . . . : VMware Accelerated AMD PCNet Adapter
        Physical Address. . . . . . . . . : 00-0C-29-90-73-16
        DHCP Enabled. . . . . . . . . . . : No
        IP Address. . . . . . . . . . . . : 10.0.8.8
        Subnet Mask . . . . . . . . . . . : 255.255.255.0
        Default Gateway . . . . . . . . . : 10.0.8.1
        DNS Servers . . . . . . . . . . . : 10.0.8.12
```

图 6.74 本地连接配置

配置完成本地连接后,需要将服务器加入到 xuanbo.com 的域中。

登录到 DHCP 服务器,安装 DHCP 服务组件,单击"开始"→"控制面板"→"添加删除程序"→"添加删除组件"→"网络服务"→"详细信息",如图 6.75 所示。

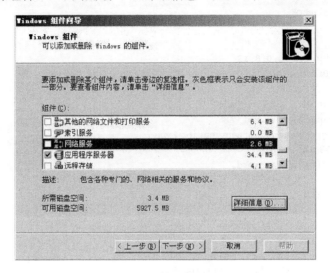

图 6.75  添加网络服务

选择"动态主机配置协议(DHCP)",单击"确定"按钮,进行安装,如图 6.76 所示。

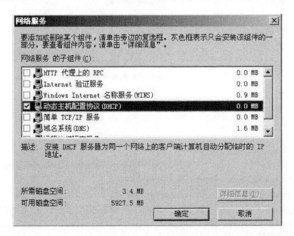

图 6.76  安装动态主机配置协议

安装完成 DHCP 组件后,需要配置 DHCP 服务,单击"开始"→"管理工具"→DHCP,如图 6.77 所示。

右击 dhcp→"新建作用域",如图 6.78 所示。

输入作用域名称,在项目中采用 VLAN 的名称作为作用域名称,单击"下一步"按钮,如图 6.79 所示。

输入作用域分配的地址范围,单击"下一步"按钮,如图 6.80 所示。

输入排除地址范围,单击"下一步"按钮,输入租约期限,单击"下一步"按钮,如图 6.81 所示。

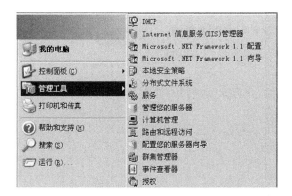

图 6.77　配置 DHCP 服务　　　　　　图 6.78　新建作用域

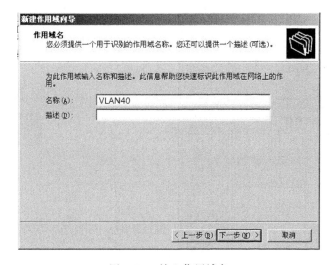

图 6.79　输入作用域名

图 6.80　分配地址范围

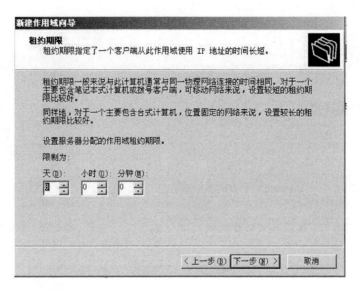

图 6.81　租约期限

输入网关地址,单击"下一步"按钮,如图 6.82 所示。

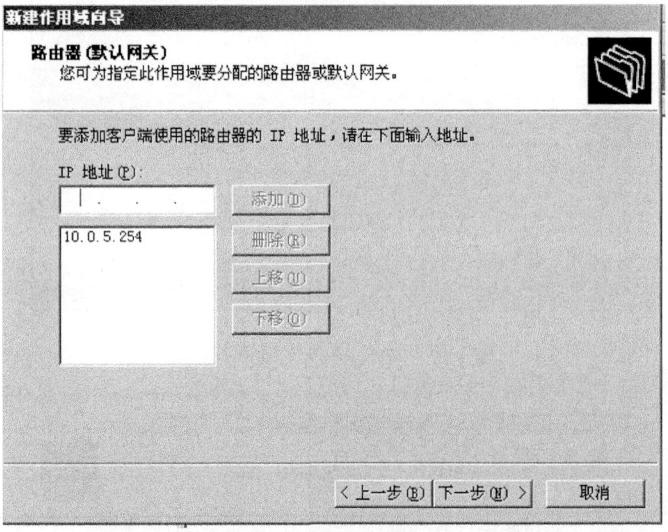

图 6.82　网关地址

输入 DNS 服务器地址,单击"下一步"按钮,如图 6.83 所示。

选择激活作用域,单击"下一步"按钮完成配置,如图 6.84 所示。

按照上面的步骤对 VLAN 10、VLAN 20、VLAN 30、VLAN 50、VLAN 60 等作用域进行配置。

配置完作用域后,还需要配置超级作用域,右击 dhcp→"新建超级作用域",输入超级作用域名称,单击"下一步"按钮,如图 6.85 所示。

选择可用作用域,单击"下一步"按钮配置完成,如图 6.86 所示。

图 6.87 所示为配置完成的 DHCP 服务器。

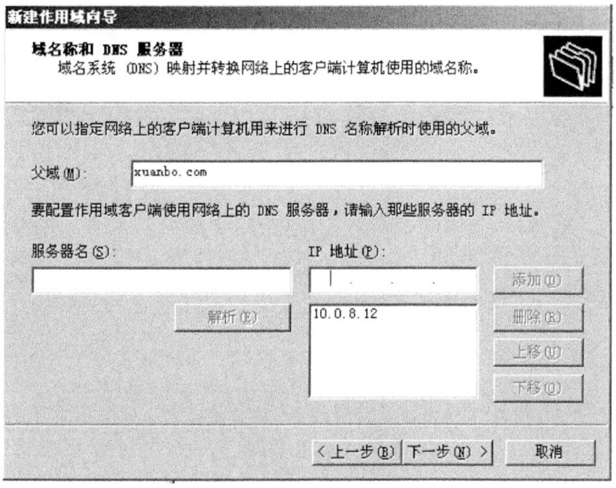

图 6.83   DNS 服务器地址

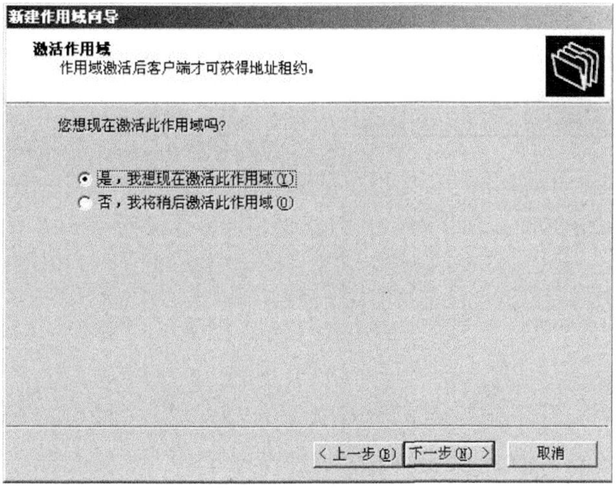

图 6.84   激活作用域

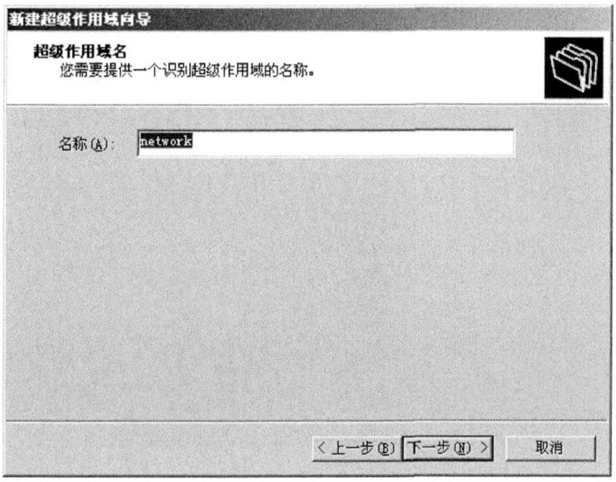

图 6.85   新建超级作用域

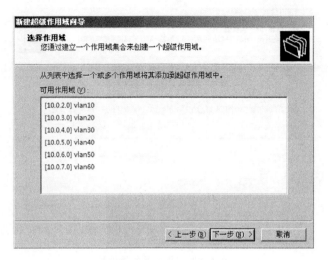

图 6.86  可用作用域

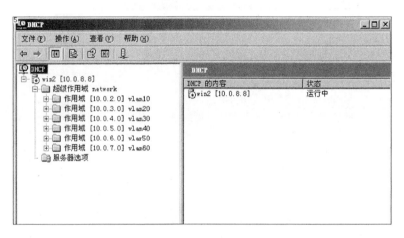

图 6.87  完成 DHCP 服务器配置

# 第7章 项目测试

# 项 目 测 试

在网络安全工程测试中,可以分为布线系统、网络系统和服务应用系统测试,各项测试是网络工程的最后一个关键步骤,其目的是验证所提出的解决方案是否能够满足用户的业务目的和技术目标,并通过一定的验收形式加以确认。本章主要讲解网络系统和服务应用系统的测试,网络系统主要包括功能测试、物理连通性测试、一致性测试等几个方面,而服务应用系统包括规划验证测试、性能测试、流量测试等。

## 7.1 角色任务分配

项目测试阶段为第三阶段,也是项目的最后一个阶段,计划完成时间为 1 天,需要全部项目组的人员参加。其主要人员有项目经理、网络测试工程师。通过对网络各个功能区块的测试,首先需要网络测试工程师提交测试报告,信息安全分析工程师要提交信息安全测试报告,项目经理组织其他项目组成员撰写并提交试运行报告、终验报告,最后项目经理提交项目总报告。具体任务分配如表 7.1 所示。

表 7.1 人员分工表

| 序号 | 岗位 | 工作内容 | 人数 |
|---|---|---|---|
| 1 | 项目经理 | 负责整个项目的实施质量与实施进度,部署人员分工,掌握施工进度。并组织撰写项目总结和项目报告 | 1 |
| 2 | 网络工程师 | 根据网络设计方案,对项目中的基础设备(路由器、交换机)等进行配置 | 1 |
| 3 | 服务器工程师 | 根据网络设计方案,对项目中所有应用服务器进行配置 | 1 |
| 4 | 网络测试工程师 | 根据网络设计方案,对整个网络运行状态进行评测,并撰写测试报告 | 1 |

## 7.2 测 试 方 案

在网络安全工程测试中,可以分为布线系统、网络系统和服务应用系统测试。在本实训项目中没有布线系统,所以测试方案只包括网络系统和服务应用系统的测试。

### 7.2.1 网络系统测试

主要包括功能测试、物理连通性测试、一致性测试等几个方面。

### 1. 物理测试

硬件设备及软件配置如表 7.2 所示。

表 7.2　硬件设备及软件配置

| 测试项目 | | 测试内容 | 说　明 | 结论 | 备注 |
|---|---|---|---|---|---|
| 硬件设备及软件配置 | 核心层交换机 | 测试加电后系统是否正常启动 | 测试步骤参见后文 | | |
| | | 查看交换机的硬件配置是否与订货合同相符合 | | | |
| | | 测试各模块的状态 | | | |
| | | 测试 NVRAM | | | |
| | | 查看各端口状况 | | | |
| | 会聚层及接入层交换机 | 测试加电后系统是否正常启动 | 测试步骤参见后文 | | |
| | | 测试 NVRAM | | | |
| | | 查看路由器的软硬件配置是否与订货合同相符合 | | | |
| | | 测试端口状态 | | | |
| | 路由器 | 测试加电后系统是否正常启动 | 测试步骤参见后文 | | |
| | | 测试 NVRAM | | | |
| | | 查看路由器的软硬件配置是否与订货合同相符合 | | | |
| | | 测试端口状态 | | | |
| | 防火墙 | 测试加电后系统是否正常启动 | 测试步骤参见后文 | | |
| | | 测试内存 | | | |
| | | 查看防火墙的软硬件配置是否与定货合同相符合 | | | |
| | | 测试端口状态 | | | |

### 2. 功能性测试

VLAN 功能测试如表 7.3 所示。

表 7.3　VLAN 功能测试

| 测试项目 | | 测试内容 | 说　明 | 结论 | 备注 |
|---|---|---|---|---|---|
| LAN 功能测试 | 核心交换机 | 查看 VLAN 的配置情况 | 测试步骤参见后文 | | |
| | | 同一 VLAN 及不同 VLAN 在线主机连通性 | | | |
| | | 检查地址解析表 | | | |
| | 接入交换机 | 查看 VLAN 的配置情况 | 测试步骤参见后文 | | |
| | | 同一 VLAN 及不同 VLAN 在线主机连通性 | | | |
| | | 检查地址解析表 | | | |

路由和路由表的收敛性测试如表 7.4 所示。

表 7.4　路由和路由表的收敛性测试

| 测试项目 | | 测试内容 | 说　　明 | 结　论 | 备注 |
|---|---|---|---|---|---|
| 路由和路由表的收敛性 | 路由器 | 测试路由表是否正确生成 | 测试步骤参见后文 | | |
| | | 查看路由的收敛性 | | | |
| | | 显示配置 OSPF 的端口 | | | |
| | | 显示 OSPF 状态 | | | |
| | | 查看 OSPF 的连接状态数据库 | | | |
| | | 查看 OSPF 路由邻居相关信息 | | | |
| | | 查看 OSPF 路由 | | | |
| | | 设置完毕,待网络完全启动后,观察连接状态库和路由表 | | | |
| | | 断开某一链路,观察连接状态库和路由表发生的变化 | | | |
| | 防火墙 | 测试路由表是否正确生成 | 测试步骤参见后文 | | |
| | | 查看路由的收敛性 | | | |
| | | 显示配置 OSPF 的端口 | | | |
| | | 显示 OSPF 状态 | | | |
| | | 查看 OSPF 的连接状态数据库 | | | |
| | | 查看 OSPF 路由邻居相关信息 | | | |
| | | 查看 OSPF 路由 | | | |
| | | 设置完毕,待网络完全启动后,观察连接状态库和路由表 | | | |
| | | 断开某一链路,观察连接状态库和路由表发生的变化 | | | |
| | 三层交换机 | 测试路由表是否正确生成 | 测试步骤参见后文 | | |
| | | 查看路由的收敛性 | | | |
| | | 显示配置 OSPF 的端口 | | | |
| | | 显示 OSPF 状态 | | | |
| | | 查看 OSPF 的链路状态数据库 | | | |
| | | 查看 OSPF 路由邻居相关信息 | | | |
| | | 查看 OSPF 路由 | | | |
| | | 设置完毕,待网络完全启动后,观察连接状态库和路由表 | | | |
| | | 断开某一链路,观察连接状态库和路由表发生的变化 | | | |

冗余性能功能测试如表 7.5 所示。

表 7.5 冗余性能功能测试

| 测试项目 | | 测试内容 | 说　明 | 结论 | 备注 |
|---|---|---|---|---|---|
| 冗余性能功能测试（VRRP/STP） | 三层交换机 VRRP | 查看 VRRP 状态 | 测试步骤参见后文 | | |
| | | 状态切换,查看数据包的丢失率 | | | |
| | | 断掉一条网线,查看是否是正常状态 | | | |
| | 三层交换机（STP） | 查看 STP 根状态 | 测试步骤参见后文 | | |
| | | 断掉一条网线,查看是否是正常状态 | | | |
| | | 接入环路由,查看是否产生广播风暴 | | | |

## 3. 测试步骤

交换机测试步骤如表 7.6 所示。

表 7.6 交换机测试步骤

| 序号 | 测试内容 | 测试方法 | 测试结果 | 备　注 |
|---|---|---|---|---|
| 1 | 测试加电后系统是否正常启动 | 用 PC 通过 Console 线连接到交换机上,或 Telnet 到交换机上,加电启动,通过超级终端查看路由器启动过程,输入用户及密码进入交换机 | | |
| 2 | 查看交换机的硬件配置是否与定货合同相符合 | ♯ show version | | |
| 3 | 测试各模块的状态 | ♯ show mod | | |
| 4 | 查看交换机 Flash Memory 的使用情况 | ♯ dir | | |
| 5 | 测试 NVRAM | 在交换机中改动其配置,并写入内存,♯ write 将交换机关电后等待 60 秒后再开机,***♯ sh config | | |
| 6 | 查看各端口状况 | ♯ show interface | | |

路由器测试步骤如表 7.7 所示。

表 7.7 路由器测试步骤

| 序号 | 测试内容 | 测试方法 | 测试结果 | 备　注 |
|---|---|---|---|---|
| 1 | 测试路由表是否正确生成 | ♯ sh ip route | | |
| 2 | 查看路径选择 | ♯ traceroute … | | |
| 3 | 查看 OSPF 端口 | ♯ sh ip ospf interface | | |
| 4 | 查看 OSPF 邻居状态 | ♯ sh ip ospf neighbors | | |
| 5 | 查看 OSPF 数据库 | ♯ sh ip ospf database | | |
| 6 | 显示全局接口地址状态 | ♯ sh ip int bri | | |
| 7 | 测试局域网接口运行状况 | ♯ sh ip int fast0/0 | | |
| 8 | 测试内部路由 | ♯ traceroute … | | |
| 9 | 查看路由表的生成和收敛 | 去掉一条路由命令,用 ♯ sh ip route 命令查看路由的生成情况 | | |

路由信息测试步骤如表 7.8 所示。

表 7.8　路由信息测试步骤

| 序号 | 测试内容 | 测试方法 | 测试结果 | 备注 |
|---|---|---|---|---|
| 1 | 测试路由表是否正确生成 | #sh ip route | | |
| 2 | 查看静态路由是否正确配置 | #sh config | | |
| 3 | 查看接口地址是否正确配置 | #sh ip interface | | |
| 4 | 设置完毕,待网络完全启动后,观察连接状态库和路由表 | #show ip route | | |
| 5 | 断开某一链路,观察连接状态库和路由表发生的变化 | #show ip route | | |

交换机信息测试步骤如表 7.9 所示。

表 7.9　交换机信息测试步骤

| 序号 | 测试步骤 | 正确结果 | 测试结果 | 备注 |
|---|---|---|---|---|
| 1 | 登录到交换机的 VLAN1 端口,查看 VLAN 的配置情况 | #show vlan 显示配置的 VLAN 的名称及分配的端口号 | | |
| 2 | 在与交换机相连的主机上 ping 同一虚拟网段上的在线主机,及不同虚拟网段上的在线主机 | 数据 VLAN 均显示 alive 信息,视频 VLAN 显示不可到达或超时信息 | | |
| 3 | 检查地址解析表：%arp -p | 仅解析出本虚拟网段的主机的 IP 对应的 MAC 地址。显示虚拟网段划分成功,本网段主机没有接收到其他网段的 IP 广播包 | | |
| 4 | 检查 Trunk 配置信息 #show int trunk | 显示 Trunk 接口所有配置信息,注意查看配置 Trunk 端口的信息 | | |

连通性测试步骤如表 7.10 所示。

表 7.10　连通性测试步骤

| 序号 | 测试内容 | 测试方法(Ping 值取 100 次平均值) | 测试结果 |
|---|---|---|---|
| 1 | 测试本地的连通性,查看延时 | #ping 本地 IP 地址 | |
| 2 | 测试本地路由情况,查看路径 | #traceroute 本地 IP 地址 | |
| 3 | 测试全网连通性,查看延时 | #ping 外地 IP 地址 | |
| 4 | 测试全网路由情况,查看路径 | #traceroute 外地 IP 地址 | |
| 5 | 测试与骨干网的连通性,查看延时 | #ping IP 地址 | |
| 6 | 测试与骨干网通信的路由情况,查看路径 | #traceroute IP 地址 | |
| 7 | 测试本地路由延迟 | ping 本地 IP 地址,察看延迟结果 | |
| 8 | 测试本地路由转发性能 | ping 本地 IP 地址加 −l 3000 参数,察看延迟结果 | |
| 9 | 测试外埠路由延迟 | ping 外埠 IP 地址,察看延迟结果 | |
| 10 | 测试外埠路由转发性能 | ping 外埠 IP 地址加 −l 3000 参数,察看延迟结果 | |

核心交换机测试步骤如表 7.11 所示。

**表 7.11　核心交换机测试步骤**

| 序号 | 测试步骤 | 正确结果 | 测试结果 | 备注 |
|---|---|---|---|---|
| 1 | 登录交换机,查看 VRRP 状态信息 | # show vrrp [ group－number ｜ brief] <br> 可以使用这些命令察看 VRRP 的运行状态信息 | | |
| 2 | 断开主线路,查看其 VRRP 状态变化 | # show vrrp [group－number ｜ brief] <br> 可以使用这些命令察看 VRRP 的运行状态信息 | | |
| 3 | 登录交换机,查看 STP 的状态信息 | # show spanning－tree <br> 可以使用这些命令察看 STP 的运行状态信息 | | |
| 4 | 断开主链路,查看 STP 的转换状态 | # show spanning－tree <br> 可以使用这些命令察看 STP 的运行状态信息 | | |

## 7.2.2　应用服务系统测试

包括物理连通性、基本功能的测试;网络系统的规划验证测试、性能测试、流量测试等。

### 1. 物理测试

硬件设备及软件配置测试如表 7.12 所示。

**表 7.12　硬件设备及软件配置测试**

| 测试项目 | | 测试内容 | 说　　明 | 结论 | 备注 |
|---|---|---|---|---|---|
| 硬件设备及软件配置 | 服务器 | 设备型号是否与订货合同相符合 | | | |
| | | 软硬件配置是否与订货合同相符合 | | | |
| | | 测试加电后系统是否正常启动 | | | |
| | | 查看附件是否完整 | | | |
| | 服务器 | 设备型号是否与订货合同相符合 | | | |
| | | 软硬件配置是否与订货合同相符合 | | | |
| | | 测试加电后系统是否正常启动 | | | |
| | | 查看附件是否完整 | | | |
| | 服务器 | 设备型号是否与订货合同相符合 | | | |
| | | 软硬件配置是否与订货合同相符合 | | | |
| | | 测试加电后系统是否正常启动 | | | |
| | | 查看附件是否完整 | | | |
| | 服务器 | 设备型号是否与订货合同相符合 | | | |
| | | 软硬件配置是否与订货合同相符合 | | | |
| | | 测试加电后系统是否正常启动 | | | |
| | | 查看附件是否完整 | | | |
| | 服务器 | 设备型号是否与订货合同相符合 | | | |
| | | 软硬件配置是否与订货合同相符合 | | | |
| | | 测试加电后系统是否正常启动 | | | |
| | | 查看附件是否完整 | | | |
| | 磁盘阵列 | 设备型号是否与订货合同相符合 | | | |
| | | 软硬件配置是否与订货合同相符合 | | | |
| | | 测试加电后系统是否正常启动 | | | |
| | | 察看附件是否完整 | | | |

## 2. 功能性测试

WWW 系统的测试如表 7.13 所示。

表 7.13 WWW 系统的测试

| 测试项目 | 测试内容 | | 说　明 | 结论 | 备注 |
|---|---|---|---|---|---|
| WWW 系统的测试 | 系统完整性 | 硬件配置 | 测试步骤参见后文 | | |
| | | 网络配置 | | | |
| | HTTP 访问 | 本地访问 | | | |
| | | 远程访问 | | | |
| | 群集测试 | 切换测试 | | | |
| | | 宕机测试 | | | |

FTP 系统的测试如表 7.14 所示。

表 7.14 FTP 系统的测试

| 测试项目 | 测试内容 | | 说　明 | 结论 | 备注 |
|---|---|---|---|---|---|
| FTP 系统的测试 | 系统完整性 | 硬件配置 | 测试步骤参见后文 | | |
| | | 网络配置 | | | |
| | FTP 访问 | 上传测试 | | | |
| | | 下载测试 | | | |
| | 群集测试 | 切换测试 | | | |
| | | 宕机测试 | | | |

存储系统的测试如表 7.15 所示。

表 7.15 存储系统的测试

| 测试项目 | 测试内容 | | 说　明 | 结论 | 备注 |
|---|---|---|---|---|---|
| 存储系统测试 | 系统完整性 | 硬件配置 | 测试步骤参见后文 | | |
| | | 网络配置 | | | |
| | 功能测试 | RAID5 测试 | | | |
| | | iSCSI 测试 | | | |

## 3. 测试步骤

Web 测试如表 7.16 所示。

表 7.16 Web 测试

| 序号 | 测试步骤 | 正确结果 | 测试结果 | 备注 |
|---|---|---|---|---|
| 1 | 检查主机外观是否完整 | 设备外观无损坏 | | |
| 2 | 重新启动主机,在开机自检阶段,查看机器的系统参数 | 系统正常启动,硬件配置是否与订货一致 | | |
| 3 | 启动操作系统,进行登录 | 顺利进入 Windows 登录画面 | | |
| 4 | 在本地机器上使用 IE 浏览器访问本机主页 | 能够正常访问 | | |
| 5 | 在远程机器上使用 IE 浏览器访问本服务器 | 能够正常访问 | | |
| 6 | 在服务器上进行移动组测试群集关闭一台服务器进行群集测试 | 能够正常访问 | | |

DNS 测试如表 7.17 所示。

表 7.17    DNS 测试

| 序号 | 测试步骤 | 正确结果 | 测试结果 | 备注 |
|---|---|---|---|---|
| 1 | 检查主机外观是否完整 | 设备外观无损坏 | | |
| 2 | 重新启动主机,在开机自检阶段,查看机器的系统参数 | 系统正常启动,硬件配置是否与订货一致 | | |
| 3 | 启动操作系统,进行登录 | 顺利进入 Windows 登录画面 | | |
| 4 | 在本地机器上使用 Nslookup 命令测试相关域名 | 能够正常解析 | | |
| 5 | 在远程机器上使用 Nslookup 命令测试本地以及远程域名 | 能够正常解析 | | |
| 6 | 在服务器上进行移动组测试群集关闭一台服务器进行群集测试 | 能够正常访问 | | |

FTP 测试如表 7.18 所示。

表 7.18    FTP 测试

| 序号 | 测试步骤 | 正确结果 | 测试结果 | 备注 |
|---|---|---|---|---|
| 1 | 检查主机外观是否完整 | 设备外观无损坏 | | |
| 2 | 重新启动主机,在开机自检阶段,查看机器的系统参数 | 系统正常启动,硬件配置是否与订货一致 | | |
| 3 | 启动操作系统,进行登录 | 顺利进入 Windows 登录画面 | | |
| 4 | 在本地机器上使用管理工具查看 FTP 服务是否正常 | 正常 | | |
| 5 | 在远程机器上使用 IE 浏览器访问本 FTP 服务器 | 能否正常登录以及能否正常上传下载数据 | | |
| 6 | 在远程机器上使用 FTP 客户端工具访问本服务器 | 能否正常登录以及能否正常上传下载数据 | | |
| 7 | 在服务器上进行移动组测试群集关闭一台服务器进行群集测试 | 能够正常访问 | | |

存储系统测试如表 7.19 所示。

表 7.19    存储系统测试

| 序号 | 测试步骤 | 正确结果 | 测试结果 | 备注 |
|---|---|---|---|---|
| 1 | 检查主机外观是否完整 | 设备外观无损坏 | | |
| 2 | 重新启动主机,在开机自检阶段,查看机器的系统参数 | 系统正常启动,硬件配置是否与订货一致 | | |
| 3 | 启动操作系统,进行登录 | 顺利启动 iSCSI 服务 | | |
| 4 | 登录存储服务器,换一块新的硬盘 | 能够正常恢复硬盘数据 | | |
| 5 | 修改 iSCSI 口令 | 客户端网络硬盘是否可用 | | |

功能测试如表 7.20 所示。

表 7.20 功能测试

| 序号 | 测试步骤 | 正确结果 | 测试结果 | 备注 |
|---|---|---|---|---|
| 1 | 该软件是否能执行正常的检测功能 | 正常 | | |
| 2 | 该软件是否能检测到映射的端口的流量 | 可以分析出不同 IP 产生的流量及带宽利用率 | | |
| 3 | 该软件是否有能设置用户及参数的功能 | 可以设置多个不同权限的用户 | | |
| 4 | 该软件是否有能检测到攻击行为的能力 | 可以检测出攻击行为 | | |
| 5 | 该软件是否有对检测的流量进行分析的能力 | 可以根据应用类型分析出具体流量 | | |
| 6 | 该软件是否有对数据包过滤的能力 | 可以根据应用类型过滤 | | |
| 7 | 该软件是否具有报告功能 | 可以根据协议类型、应用类型等生成报表 | | |
| 8 | 攻击特征库是否可以定时更新 | 可以定期自动更新以及人工手动更新 | | 由于网络条件限制,目前采用手动更新方式 |

## 7.2.3 性能参数的正常范围

性能参数的正常范围如表 7.21 所示。

表 7.21 性能参数的正常范围

| 指标类型 | 指标名称 | 建议值 |
|---|---|---|
| 时延指标 | 网络平均时延 | $<10 \times N$ ms |
| | 网络空闲时延 | $<5 \times N$ ms |
| 丢包率指标 | 网络平均丢包率 | $<5\%$ |
| | 网络空闲丢包率 | $=0$ |
| CPU 占用率 | 忙时 CPU 占用率 | $<80\%$ |
| | 平均 CPU 占用率 | $<50\%$ |
| 负载指标 | 峰值带宽占用率 | $<80\%$ |
| | 平均带宽占用率 | $<50\%$ |

其中,$N$ 的含义为数据报文经过的网络设备数目

## 7.2.4 辅助测试

网络工程测试可以采用 CommView、SolarWinds 和 MRTG 软件测试。

利用网络测试软件对网络性能监控(可实时监控带宽、传输、带宽利用率、网络延迟、丢包等统计信息)、发现网络设备(具体或一个范围网段的发现,如 IP 地址、主机名、子网、掩码、MAC 地址、路由和 ARP 表、VOIP 表、所安装的软件、已运行的软件、系统 MIB 信息、IOS 水平信息、UDP 服务、TCP 连接等)、监视网络(实现视频/音频报警,也可通过 Mail 进

行报警信息的传递。并可对监视范围设备进行任意的裁剪。它可让用户对所有的历史记录数据分别按类、时间进行方便的查询、汇总,并可以以追溯的方式形成多种历史曲线报表)、安全检测(检查分析路由器的 SNMP 公用字符串的脆弱性,以保护 SNMP read/read-write community string 的安全性)等。

我们利用 CommView 来观察网络连线、重要的 IP 资料的统计分析,如 TCP、UDP 及 ICMP,并显示内部及外部 IP 位址、Port 位置、主机名称和通信数据流量等重要资讯。

SolarWinds 网络管理工具包涵盖了从带宽及网络性能监控到网络发现、缺陷管理的方方面面。该软件强调:良好的易用性、网络发掘的快速性、信息显示的准确性。Solarwinds 工具使用 ICMP、SNMP 协议能够快速地实施网络信息发掘工作,其具体信息包括接口、端口速率、IP 地址、路由、ARP 表、内存等诸多细节信息。

MRTG(Multi Router Traffic Grapher,多路由器通信图示器)是一个使用广泛的网络流量统计软件,以图形方式表示通过 SNMP 设备的网络通信状况。它显示从路由器和其他网络设备处获得的网络通信应用信息及其他统计信息。它产生 HTML 格式的页面和 GIF 格式的图,提供了通过 Web 浏览器显示可视的网络性能信息的功能。使用该工具可以方便地查明设备和网络的性能问题。因为 MRTG 可以监控任意的路由器或支持 SNMP 的网络设备,所以它可以用于监控边缘路由器与中枢路由器及其他设备。

## 7.3 测 试 实 施

根据上面的测试方案需求,在项目测试完成后,由网络测试工程师和网络安全分析师提交详细的网络测试报告和信息安全测试报告。

## 7.4 报 告 提 交

项目完成后,需要项目组的成员提交如表 7.22 所示的报告。

表 7.22 报告提交

| 岗 位 名 称 | 提 交 内 容 | 提 交 时 间 |
| --- | --- | --- |
| 项目经理 | 实施进度计划表 | 项目开始前 |
| 项目经理 | 人员分工表 | 项目开始前 |
| 项目经理 | 项目总结报告 | 项目结束后 |
| 项目组所有成员 | 试运行报告 | 试运行结束后 |
| 项目组所有成员 | 终验报告 | 终验结束后 |
| 网络测试工程师 | 网络测试报告 | 项目测试阶段后 |

# 开 工 报 告

经各方共同努力本项目工程＿＿＿＿＿＿＿＿＿＿＿＿（合同号：＿＿＿＿＿）于＿＿＿＿年＿＿＿＿月＿＿＿＿日正式开工。此开工日期是根据以下第＿＿＿＿条。特此证明。

注：开工日期是根据以下而定的：

1. 用户和公司共同商定。

2. 视安装现场条件准备完成部分及未完成部分，由用户和××公司共同商定。

3. 视设备到货情况，由用户和××公司共同商定。

| 用户代表签字(盖章)： | 公司代表签字(盖章)： |
|---|---|
| 日期： | 日期： |

# 施 工 日 志

日期：_____年_____月_____日          天气：_____

星期：_____                              气温：____/____

| 项目名称 | |
|---|---|
| 施工人员 | |

| 工作内容及完成情况 | 一、施工情况：（施工地点）<br><br>二、完成情况：<br><br><br>三、存在问题及解决办法 | |
|---|---|---|
| 形象进度 | 自本日开始的施工内容： | 至本日结束的施工内容： |
| 下一步工作计划 | | |
| 补充说明 | | |

| 现场实施 | | 项目经理 | |
|---|---|---|---|
| | 日期： | | 日期： |

# 项 目 汇 报

| 项目名称： | | | |
|---|---|---|---|
| 时 间： | | | |
| 汇 报： | | | |

**项目情况：**

**施工范围：**

**项目组成员：**

**项目完成情况：**

**遗留问题和原因：**

**下周工作安排：**

| 项目经理： | | 用户代表： | |
|---|---|---|---|
| | 日期： | | 日期： |

注：项目汇报在项目实施过程中每周或两周（建议一周）一次提交用户项目负责人、项目相关领导、项目相关工程人员。

# 项目进度计划变更备忘录

项　　目：

会议时间：

会议地点：

与会人员：

会议目的：


一、会议在以下方面达成共识：（项目进度计划的变更）

二、各方的主要职责范围和完成时间

三、主要技术信息和备忘

| 项目名称： | | 合同号： | |
|---|---|---|---|
| 项目进度计划 | 变更的进度计划 | 备注（具体原因） | |
| 签订合同时间： | | | |
| 下单时间： | | | |
| 确认场地和前期准备时间： | | | |
| 客户培训时间： | | | |
| 到货时间： | | | |
| 送货验货时间： | | | |
| 安装调试时间： | | | |
| 系统初验时间： | | | |
| 系统终验时间： | | | |
| 其他 | | | |
| | | | |
| 项目经理： | | 用户代表（监理）： | |
| | 日期： | | 日期： |

# _____设备加电测试报告

| | |
|---|---|
| 测试目的 | 上电后,检测设备自检状态 |
| 场地 | |
| 设备名 | |
| 步骤 | 1. 加电前,根据安装步骤检查各部件是否符合加电要求<br>2. 将开关置 OFF,连接电缆<br>3. 开关置 ON |
| 标准 | 指示灯显示正常<br>各模块指示灯是否正常<br>风扇运转是否正常<br>电源板开关是否正常 |
| 结果(pass/fail) | |
| 时间 | |

| 项目经理: | | 用户代表(监理): | |
|---|---|---|---|
| 日期: | | 日期: | |

# _____设备连通性测试报告

| 测试目的 | 测试每台网络设备与上级网络设备间的连通性 | |
|---|---|---|
| 场地 | | |
| 设备名 | | |
| 主机名 | | |
| 步骤 | 1. 使用 ping 命令，ping 上级网络设备<br>2. 使用 ping 命令，从上级网络设备 ping 测试设备 | |
| 标准 | ping 1000 次以上成功率 98％以上为正常 | |
| 结果（pass/fail） | | |
| 时间 | | |
| 项目经理 | | 用户代表（监理）： |
| | 日期： | 日期： |

# _____单节点测试和验收报告

验收签字

1. 合同中该节点设备和模块已经在合同指定地点安装      _____

2. 整个节点已经正确上电      _____

3. 整个节点已经正确接地      _____

4. 整个节点设备已经安装、可以运转、告警为零状态      _____

5. 该节点所有部件已经资产注册并被用户确认      _____

6. 该节点所有部件是全新设备、并且无损伤      _____

7. 根据合同，该设备所需软件和微程序固件已经下载      _____

8. 该节点所有模块已经通过上电自检      _____

9. 该节点所有根据合同的模块配置已经完成      _____

10. 该节点所有外接电缆已经连接并编码      _____

| 项目经理 | | 用户代表(监理)： | |
|---|---|---|---|
| | 日期： | | 日期： |

# _____机房准备情况表

| 机房要求的准备条件 | 是否完成 | 情况说明 |
|---|---|---|
| 机房装修 | 是□ 否□ | |
| 静电地板 | 是□ 否□ | |
| 机房网络综合布线 | 是□ 否□ | |
| 机房场地大小 | | |
| 空调安装,达到要求的温度和湿度 | 是□ 否□ | |
| 照明达到要求 | 是□ 否□ | |
| 机柜到位、位置确定 | 是□ 否□ | |
| UPS 到位,电源功率、接地达到要求,接通各机柜和各设备电源 | 是□ 否□ | |
| 机房设备合理安装、摆放 | 是□ 否□ | |
| DDF/ODF 子架安装 | 是□ 否□ | |
| 长途线路 各地市到省中心 155M 链路到位连接至 ODF、测通 | 是□ 否□ | |
| 长途线路 设区市中心到各汇聚点线路到位、连接至 ODF、测通 | 是□ 否□ | |
| 电话备份线路到机柜,做好 RJ11 水晶头,并且开通 | 是□ 否□ | |
| 准备好一台拨号 Modem | 是□ 否□ | |
| 各点具备安装条件 | 是□ 否□ | |

| 项目经理 | | 用户代表(监理): | |
|---|---|---|---|
| 日期: | | 日期: | |

# 项目风险评估表

| 项目名称： | 合同编号： |
|---|---|
| 项目经理： | 项目技术经理： |

| 项目商务风险：（项目是否有商务风险,包括交货、付款等） |
|---|
| <br><br><br><br><br><br><br><br><br>评估人：　　　　日期： |
| 项目商务风险应对措施： |
| <br><br><br><br><br><br>评估人：　　　　日期： |
| 项目技术风险：（技术方案是否可行、是否有新的技术、其他技术风险） |
| <br><br><br><br><br><br><br><br><br>评估人：　　　　日期： |
| 项目技术风险应对措施： |
| <br><br><br><br><br><br>评估人：　　　　日期： |

# 项目管理计划

# 项目工作总结

项目概述：

实施后达到的目标情况说明：

工程实施的实际情况说明：

经验汇总和思考：

经验：

思考：

# 项目验货单

1. 开箱验收

（1）包装检查

设备未开箱前，先对设备包装进行检查，察看有无破损、水渍等情况，如有，则详细记录破损和水渍的部位及程度。

检查结果：完好_____、异常_____。（打"√"或打"×"进行选择）

异常情况说明：_____。

（2）设备外观检查

设备开箱后，先对设备外观进行检查，设备外壳应平整，表面无污渍、划伤。

检查结果：完好_____、异常_____。（打"√"或打"×"进行选择）

异常情况说明：_____。

2. 设备明细清单（摘录合同配置页）

| Product | Description | Qty. | 备注 |
|---|---|---|---|
|  |  |  |  |
|  |  |  |  |
|  |  |  |  |
|  |  |  |  |
|  |  |  |  |
|  |  |  |  |
|  |  |  |  |
|  |  |  |  |
|  |  |  |  |
|  |  |  |  |
|  |  |  |  |
|  |  |  |  |
|  |  |  |  |
|  |  |  |  |
|  |  |  |  |
|  |  |  |  |
|  |  |  |  |

| 项目经理 |  | 用户代表（监理）： |  |
|---|---|---|---|
|  |  |  |  |
| 日期： |  | 日期： |  |

# 初验合格证书

| | |
|---|---|
| 工 程 名 称： | |
| 合 同 号： | |
| 合 同 名 称： | |
| 最 终 用 户： | |
| 建 设 单 位： | |

1. 设备、材料和系统各单项验收均已按照合同说明进行核查。
2. 根据工程的验收测试结果,在此承包单位和最终用户对初步验收予以确认。
3. 在试运行期间卖方保证对设备进行及时有效的维护和技术支持。
4. 初验证书签署日期为　　　年　　　月　　　日。
5. 遗留问题:

| 最终用户代表签字: | 建设代表签字: |
|---|---|
| （盖章） | （盖章） |
| 日期: | 日期: |

# 初验遗留问题备忘录

| 工程名称： | |
| --- | --- |
| 合 同 号： | |
| 合同名称： | |
| 最终用户： | |
| 建设单位： | |

遗留问题及计划解决时间：

| 最终用户代表签字： | 建设单位代表签字： |
| --- | --- |
| （盖章） | （盖章） |
| 日期： | 日期： |

# 终 验 通 知

| 工程名称: | | | |
|---|---|---|---|
| 合 同 号: | | | |
| 合同名称: | | | |
| 建设单位: | | 施工单位: | |
| 通知正文: | 　　本工程于_____年_____月开始动工,在贵公司的大力支持下,贵工程施工调试工作已顺利完成,于_____年_____月通过工程初验并进行了项目移交。初验完成后,工程进入试运行阶段。在此期间,我们在贵公司的大力配合下,重点对初验遗留问题进行了解决。目前网络设备运行正常,已经通过了6个月的试运行期。<br>　　根据工程合同规定,6个月试运行期结束后即进行全网终验。即_____年_____月开始终验,特此通知。<br>　　终验主要是对初验遗留问题的解决情况进行确认,并对整个工程进行总结。我公司项目组相关人员将会在近期与贵司联系,确认初验遗留问题的解决情况,并与贵公司协商终验的有关手续问题,请贵公司给予大力协助 | | |
| 项目负责人: | | 联系方式: | |

如有任何问题,请及时与集成公司项目负责人取得联系。

# 终验合格证书

| | |
|---|---|
| 工程名称: | |
| 合同号: | |
| 合同名称: | |
| 最终用户: | |
| 建设单位: | |

1. 系统初验于_____年_____月_____日正式结束,试运行自初验证书签署之日起开始。试运行期间在双方共同努力下,系统运行状况满足工程合同中技术规范书的要求和各项技术指标。

2. 按照合同约定,系统试运行于初验后 6 个月正式结束,双方确认工程正式终验。自终验证书签署之日起系统投入正式运行。

3. 终验证书签署日期为_____ 年_____月_____日。

4. 建设单位在合同终验后继续为最终用户提供合同约定的技术支持。

| | |
|---|---|
| 最终用户代表签字: | 建设单位代表签字: |
| （盖章） | （盖章） |
| 日期: | 日期: |

# 初验遗留问题解决情况报告

| 工程名称： | |
|---|---|
| 合 同 号： | |
| 合同名称： | |
| 最终用户： | |
| 建设单位： | |

遗留问题及解决结果：

| 序号 | 遗留问题 | 解决结果 |
|---|---|---|
| | | |
| | | |
| | | |
| | | |
| | | |

最终用户代表签字：　　　　　　　　　　　　建设单位代表签字：

　　　　　　（盖章）　　　　　　　　　　　　　　　　（盖章）

日期：　　　　　　　　　　　　　　　　日期：

# 项目会议纪要

会议日期：

会议地点：

与会人员：

会议目的：

_____，该项目各方人员就_____项目实施召开了工程会议，会上与会各方经过认真讨论，达成如下共识：

一、工程责任、范围及阶段划分

1. 用户：

2. 总集成：

3. 分集成：

4. 项目简单实施计划：

5. 到货情况及验货方式：

6. 配套设备及耗材谁负责采购实施：

7. 替代方案实施：

8. 整个工程争取完成时间，最晚完成时间：

二、工程实施管理

定期召开工程协调会议，以相互通报各自工程或工程准备进度情况，讨论修正工程日期，形成文件以作为下一阶段工作的目标。

如有与工程相关的任何事宜，需书面通知有关各方。

工程组成人员及根据项目情况成立小组：

场地准备：

开工证明：

工程验收范围界定：

变更沟通机制：

安全：

项目负责人及联络人：

三、重点技术需求确认

四、其他

与会各方代表签字：

# 项目变更备忘录

| | |
|---|---|
| 工程名称： | |
| 建设单位： | |
| 施工单位： | |
| 变更原因： | |
| 变更后计划： | 包括原有的计划和变更后的计划 |
| 签字 | 建设方：＿＿＿＿＿＿＿＿＿＿＿ 用户代表：＿＿＿＿＿＿＿＿＿＿＿<br><br>日　期：＿＿＿＿＿＿＿＿＿＿＿ 日　期：＿＿＿＿＿＿＿＿＿＿＿ |

# 服 务 报 告

| 用户名称： | | 合同号： |
|---|---|---|

| 工程师姓名： | 到场时间：<br>年　月　日　时 | 离场时间：<br>年　月　日　时 |
|---|---|---|

**服务类型：**

□现场调研　□安装调试　□故障解决　□性能调整　□软件维护　□其他 _____

**服务内容：** 此次服务的内容共包括以下 ____ 项，具体内容如下：

**遗留问题和原因：**

**工程师对用户的建议**（尤其针对故障解决）：　　　□无　　　□有，内容如下：

请用户确认收到以下文件和设备

1. 本页服务报告　　2.　　　　　　　　3.

　　　尊敬的用户，请对以上内容进行确认，如果您对我公司工程师的工作有任何意见，请反馈给我公司（服务热线　　）：

我对上述 ____ 项服务内容和 ____ 个遗留问题：

　　□都认可

　　□部分认可，其中第 ____ 项服务内容不认可，我的反馈意见如下：

| 最终用户代表签字：<br><br><br><br>（盖章）<br>日期： | 工程师签字：<br><br><br><br>（盖章）<br>日期： |
|---|---|

| 工程名称 | | 合同号 | |
|---|---|---|---|
| 开工日期 | | 变更日期 | |

# 项目变更报告

---

变更原因：

解决方案：

预算复工时间：

注：当工程因用户或公司条件不具备，工程无法进行时，由工程督导和用户协商填写此表，此表一式二份，分别由施工方、用户方保留。

建设单位签字：　　　　　　　　　　　　　用户负责人（监理）签字：

　年　月　日　　　　　　　　　　　　　　　年　月　日

| 工程名称 | | 建设单位电话 | |
|---|---|---|---|
| 合同号 | | 监理单位电话 | |

# 项目工程进度计划表

| 序号 | 局名 | 工程类别 | | | 施工步骤 | 计划时间 | | 工程准备 | 已完成 | 完成时间 |
|---|---|---|---|---|---|---|---|---|---|---|
| | | 新建 | 改造 | 扩容 | | 开始 | 结束 | | | |
| | | | | | | | | | | |
| | | | | | | | | | | |
| | | | | | | | | | | |
| | | | | | | | | | | |
| | | | | | | | | | | |
| | | | | | | | | | | |
| | | | | | | | | | | |
| | | | | | | | | | | |
| | | | | | | | | | | |

注：需要与此表提交施工进度计划甘特图。

项目经理：　　　年　月　日　　　　　　用户代表（监理）：　　　年　月　日

# 参 考 文 献

[1] 谢希仁.计算机网络(第五版).北京：电子工业出版社,2008.

[2] 陈鸣译,计算机网络自顶向下方法(第4版).北京：高等教育出版社,2010.

[3] 吴功宜.计算机网络高级教程.北京：清华大学出版社,2007.

[4] 马海军等译.TCP/IP协议原理与应用.北京：清华大学出版社,2006.

[5] 陈鸣.网络工程设计教程系统集成方法(第2版).北京：机械工业出版社,2008.

[6] 杨威.网络工程设计与系统集成(第2版).北京：人民邮电出版社,2008.

[7] 斯桃枝等.网络工程.北京：人民邮电出版社,2005.

[8] 张卫等.计算机网络工程.北京：清华大学出版社,2004.

[9] 乔建行等.软件系统集成.北京：科学出版社,2005.

[10] 金光等.无线网络技术教程：原理、应用与仿真实验.北京：清华大学出版社,2011.

[11] 高猛等译.Windows Server 2003安全性权威指南.北京：清华大学出版社,2007.

[12] 邓秀慧.路由与交换技术.北京：电子工业出版社,2012.

[13] 董良等.Linux系统管理.北京：人民邮电出版社,2012.

[14] 於岳等.Linux快速入门——系统安装、管理、维护及服务器配置.北京：人民邮电出版社,2011.

[15] 思科系统公司译.思科网络技术学院教程CCNA Exploration：网络基础知识.北京：人民邮电出版社,2009.

[16] 高峡等.网络设备互连学习指南.北京：科学出版社,2009.

[17] 张选波等.设备调试与网络优化学习指南.北京：科学出版社,2009.

[18] 唐俊勇等.路由与交换型网络基础与实践教程.北京：清华大学出版,2011.